高等职业教育土木建筑类专业系列教材

建设工程定额原理与实务

主编　袁建新　袁　媛

主审　侯　兰

科学出版社

北　京

内 容 简 介

掌握建设工程定额编制原理与方法，是为了更好地使用定额。熟练使用定额和编制补充定额是工程造价专业人才的必备技能。本书按照“先方法、再应用、后实训”的创新思路，构建了符合学习规律的学习内容和实训内容，设计了基于技术测定法、理论计算法编制人工定额、机械台班定额、企业定额和计价定额的科学方法，构建了核心定额——企业定额和计价定额编制的理实一体化课程体系，进而达到全面提升工程造价专业学生的核心技能和业务素质的目的。

全书分为理论方法篇、应用篇和实训篇。其中，理论方法篇包括 5 个单元，分别为概论、施工过程和工作时间、技术测定法、理论计算法及定额制定简易方法；应用篇包括 10 个单元，分别为定额编制方案拟定、人工定额编制、材料消耗量定额编制、机械台班定额编制、企业定额编制、预算（消耗量）定额编制、单位估价表编制、概算定额编制、概算指标编制、估算指标编制；实训篇包括 1 个单元，即建设工程定额编制实训。

本书适合高等职业教育工程造价专业、工程管理专业学生学习，也可供从事工程造价管理岗位工作的造价人员学习参考。

图书在版编目（CIP）数据

建设工程定额原理与实务 / 袁建新, 袁媛主编. -- 北京 : 科学出版社, 2025. 7. --（高等职业教育土木建筑类专业系列教材）. -- ISBN 978-7-03-082819-4

Ⅰ. TU723.34

中国国家版本馆 CIP 数据核字第 2025PT7570 号

责任编辑：万瑞达　李程程 / 责任校对：王万红
责任印制：吕春珉 / 封面设计：曹　来

科学出版社出版
北京东黄城根北街 16 号
邮政编码：100717
http://www.sciencep.com

三河市中晟雅豪印务有限公司印刷
科学出版社发行　各地新华书店经销
*
2025 年 7 月第　一　版　开本：787×1092 1/16
2025 年 7 月第一次印刷　印张：14
字数：332 000

定价：49.00 元

（如有印装质量问题，我社负责调换）
销售部电话 010-62136230　编辑部电话 010-62130874（VA03）

前　言

“建设工程定额原理与实务”是工程造价及相关专业编制预算定额、企业定额等定额专业知识、方法与技能训练综合应用的专业核心课程。编制建设工程定额工作，涵盖了在建设工程招投标、工程施工、竣工结算等各阶段采用定额确定工程造价的重点内容。在确定工程造价工作中，必须遵守职业道德、行业规范，在工作中实事求是、吃苦耐劳、精益求精，遵守法律法规和反腐倡廉的各项规定。培养什么人是教育的根本问题之一。因此，“建设工程定额原理与实务”课程的重点任务之一就是要全面贯彻党的教育方针，使学生通过学习，树立爱党、爱国、爱专业的思想，树立为全面建成社会主义现代化强国贡献自己力量的理想，弘扬劳模精神，完成学业，练就编制建设工程定额真功夫，为建设强大的祖国而奋斗。

建设工程定额主要包括估算指标、概算指标、概算定额、预算定额（计价定额）、企业定额、人工定额、材料消耗定额和机械台班定额。它们之间的依托关系是，概算定额在预算定额的基础上编制，预算定额在企业定额的基础上编制，企业定额在人工定额、材料消耗定额和机械台班定额基础上编制。可以说，建设工程定额体系是一个有“血缘”关系的大家族。

投标报价应由企业根据自身定额和技术水平自主确定，弱化政府定额的强制约束，推动形成以市场供需为导向的定价机制，通过竞争优化资源配置，鼓励投标人通过施工方案创新和成本控制提升竞争力。住房和城乡建设部办公厅建办标〔2020〕38 号文指出：“取消最高投标限价按定额计价的规定，逐步停止发布预算定额。”这表明，将来企业定额将是工程造价确定与控制的关键依据。

因此，通过掌握技术测定法，熟练掌握编制计价定额、企业定额、人工定额、材料消耗定额和机械台班定额的知识与方法，训练学生编制技能是本书的重点内容。

掌握定额编制技能要“先方法、再应用、后实训”，按照此规律，本书设计出基于技术测定法、理论计算法编制人工定额、机械台班定额的科学方法，构建出编制核心定额——企业定额和计价定额的理实一体化模块结构课程体系，并配套设计实践性教学的实训环节内容，体现出“工学结合”的理念。

通过系统地学习建设工程定额原理和编制方法，可以提升对建设工程系列定额的本质认识，从而解决工程造价预结算中使用定额出现的诸多问题，包括根据工程实施情况编制补充定额，根据工程结算数据资料编制概算指标等，全面提升学生的核心技能与业务素质。

本书由四川建筑职业技术学院袁建新和上海城建职业学院袁媛共同编写，具体编写分工为：单元 1、单元 2、单元 12～单元 15 由袁建新编写，单元 3～单元 11 和单元 16 由袁媛编写。

本书由四川建筑职业技术学院侯兰主审。编写过程中得到了科学出版社的大力支持和帮助，在此一并表示感谢！

由于编者水平有限，书中难免有不当之处，敬请广大读者批评指正。

目　　录

I　理论方法篇

Ⅲ 实 训 篇

I　理论方法篇

单元 1 概　论

知识点：

熟悉建设工程定额的概念，了解定额的产生过程，了解我国定额的起源，熟悉建设工程定额的分类，了解建设工程定额各阶段作用。

技能点：

根据本地区实际情况画出建设工程定额体系框图，列出本地区企业（施工）定额、消耗量定额、预算定额、概算定额中现浇混凝土梁项目的人工、材料、机械台班消耗量。

课程思政：

党的二十大报告中指出："教育是国之大计，党之大计。培养什么人、怎样培养人、为谁培养人是教育的根本问题。"全面贯彻党的教育方针是教学工作的首要任务。"企业定额编制原理与实务"是培养学生将来从事企业定额编制工作的理实一体化课程。企业定额作为造价标准，定额数据的准确性，将直接影响工程成本和建设效益。因此，要培养学生吃苦耐劳的精神，持续训练，逐步精通；要求学生从现在做起，实事求是、精益求精地完成企业定额编制的学习和实训任务，把自己培养为高素质的社会主义建设接班人！

1.1 建设工程定额概述

1.1.1 建设工程定额的概念

建设工程定额由省级以上建设行政主管部门或国家行业主管部门发布，是完成一定计量单位合格建筑产品所消耗资源的数量标准，包括估算指标、概算指标、概算定额、预算消耗量定额、单位估价表、企业定额、人工定额、材料消耗定额、教学台班定额等。

1.1.2　定额的产生

1. 古代定额

我国的定额产生于古代。北宋著名的土木建筑家李诫编著的《营造法式》，不仅是关于土木建筑工程技术的巨著，也是工料计算方面的巨著。在《营造法式》一书中，对建筑所需的各类材料、建筑方法和技术，以及各工种计算用工量和用料的规定等都有记载。

清代，清工部《工程做法则例》是当时官式建筑通行的标准设计规范，全书内容主要分为房屋营造范例和应用工料估算额限两部分。梁思成先生在《清式营造则例》一书序言中，明确肯定清代计算工程工料消耗方法和工程费用方法的实用性和有效性。

因此，我国古代在“算工算料”方面的经验就是原始的定额。

2. 近代定额

定额是西方企业科学管理的产物，最先由美国工程师弗雷德里克·温斯洛·泰罗（Frederick Winslow Taylor，1856～1915）开始研究。

在 20 世纪初，为了通过加强企业管理提高劳动生产率，泰罗将工人的工作时间分成若干个组成部分，如准备工作时间、基本工作时间、辅助工作时间等。然后用秒表来测定工人完成各项工作所需的劳动时间，以此为基础制定工时消耗定额作为衡量工人工作效率的标准。

在研究工人工作时间的同时，泰罗又把工人在劳动中的操作过程分解为若干个操作步骤，去掉那些多余和无效的动作，制定出能节省时间的操作方法，以达到提高工效的目的。可见，工时消耗定额是建立在先进合理操作方法基础之上的标准。

制定科学的工时定额，实行标准的操作方法，利用先进的工具设备，再加上有差别的计价工资制，就构成了“泰罗制”的主要内容。

“泰罗制”给西方企业管理带来了根本变革。因此，在西方企业管理史上，泰罗被尊为“科学管理之父”。

在企业管理中采用定额的方法来促进劳动生产率的提高，正是“泰罗制”科学和有价值的地方，我们应正确利用定额来更好地为社会主义市场经济建设服务。

1.1.3　我国建设工程定额的起源

1. 苏联预算定额

我国的工程定额是在学习苏联基本建设预算制度的基础上，结合我国的国情建立起来的。

表 1.1 所示为 1952 年苏联矿山掘进工程预算定额摘录。

20 世纪 50 年代初我国引进了苏联的预算定额。从 50 年代一直沿用到 80 年代的“基本建设”术语，就是从苏联传入的。

表 1.1 苏联矿山掘进工程预算定额摘录

第 31 节 混凝土墙基础

A.在水平巷道

100m^3 混凝土定额

序号	消费项目名称	单位	基础宽度/m			
			<0.3		<0.5	
			岩石分类			
			Ⅷ—Ⅶ	Ⅵ	Ⅷ—Ⅶ	Ⅵ
1	劳动力	工日	200	205	165	170
	人工等级	—	5.8	5.8	5.6	5.6
2	重型风钻	台班	57	—	32.9	—
3	中型风钻	台班	—	60	—	34.7
4	风镐	台班	—	—	—	—
5	其他机械	台班	3	7	4	7
6	混凝土	m^3	104	104	104	104
7	炸药	公斤	105	95	150	95
8	电雷管	个	1045	1000	600	579
9	爆破电线	m	2612	2500	1500	1448
10	合金钢	公斤	0.94	—	0.94	—
11	支柱	m^3	—	—	—	—
12	衬帮背板	m^3	—	—	—	—
13	其他材料	—	1	3	1	3

我们可以通过述凡编译的《苏联基本建设的设计预算与计划》（图 1.1）一书中了解苏联预算定额的使用情况。

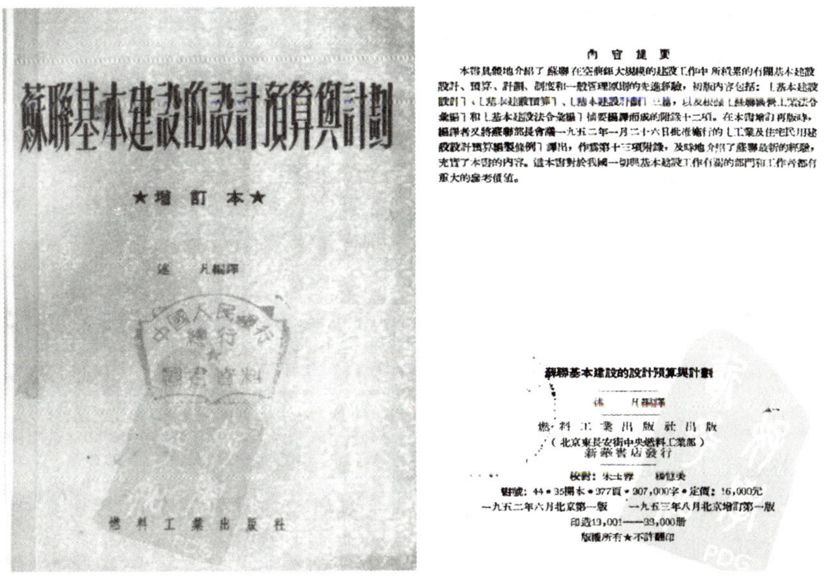

图 1.1 《苏联基本建设的设计预算与计划》封面与版权页

《苏联基本建设的设计预算与计划》一书摘录："一九三六年以前，苏联编制预算书是根据《全苏建筑工程材料及劳动力消耗定额手册》（预算定额）；从一九三六年起，开始实行编制预算的新程序，根据《一九三六年建筑工程统一产量定额》颁布了《一九三六年预算手册》。一九三七年，为了进一步简化预算工作，对一九三六年的预算手册进行了很大的修改，编制了《扩大预算定额手册》"。

从上述摘录中就能了解苏联预算定额的应用与发展情况。

2. 20 世纪 50 年代翻译的定额与预算教科书

彼得洛夫撰写的《技术定额及预算》是苏联根据国家制定的教学大纲编写的适用于建筑学院师生的教学用书（图 1.2）。其主要内容包括施工过程及其种类、标定技术定额的基本方法、材料消耗定额编制方法、施工定额编制方法、建筑预算的种类、工程量计算方法、确定建筑预算价值的方法等。

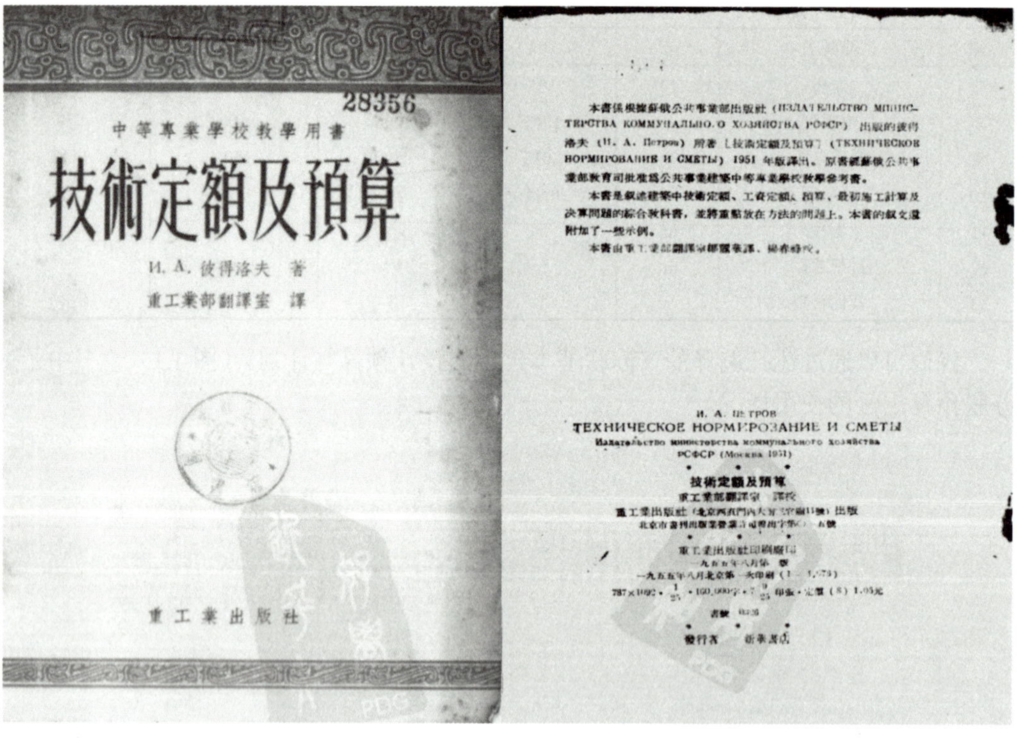

图 1.2　《技术定额及预算》封面与版权页

20 世纪 50 年代，主要学习巴辛斯基撰写的《建筑工程技术定额原理》和彼得洛夫撰写的《技术定额及预算》，书中关于编制定额与预算的思路和方法对建设定额的编制者和从事有关建筑工程定额与预算的教育工作者有重要影响。

学习了苏联的基本建设预算制度以后，我国的定额与预算的工作者结合国情，运用这些理论与方法编制了我国的建筑工程预算定额。

1.1.4　我国建设工程定额早期重要发展

1. 第一部预算定额（草案）

1955 年，中华人民共和国国家建设委员会颁发了《一九五五年度建筑工程设计预算定额（草案）》（图 1.3），摘录的“砖基础及墙”项目的定额见图 1.4。

图 1.3　《一九五五年度建筑工程设计预算定额（草案）》封面

24　磚　基　礎　及　墻

工程內容：1.墻基：防潮層以下，墊基以上之砌磚，包括本工作全部操作過程。
2.墻身：防潮層以上（包括門窗口立邊、窗台虎頭磚、墻腰綫、挑簷墻身部分及墻壓頂等）之内外墻身全部操作過程。

每10立方公尺實砌體

順序號	項目	單位	墻基		墻身					
					二層以下建築物					
					一磚半以下			一磚半及一磚半以上		
			二層以下建築物	三層以上建築物	平墻	帶藝術形式		平墻	帶藝術形式	
						普通及中等	複雜		普通及中等	複雜
			1	2	3	4	5	6	7	8
1	砌磚工	工日	2.68	2.68	4.48	4.77	5.15	3.75	4.00	4.32
2	普通工	工日	4.11	4.05	6.67	7.10	7.67	6.68	7.11	7.68
	合計	工日	6.79	6.73	11.15	11.87	12.82	10.43	11.11	12.00
	折合一般工	工日	9.40	9.31	16.66	17.74	19.16	14.90	15.85	17.15
3	紅（青）磚	塊	5342	5342	5431	5458	5485	5355	5382	5409
4	50 號砂漿	立方公尺	—	(2.51)	—	—	—	—	—	—
5	25 號砂漿	立方公尺	(2.51)	—	—	—	—	—	—	—
6	1 : 2.5 石灰砂漿	立方公尺	—	—	(2.41)	(2.41)	(2.41)	(2.50)	(2.50)	(2.50)
7	200 號水泥	公斤	472	891	—	—	—	—	—	—
8	砂	立方公尺	2.66	2.66	2.39	2.39	2.39	2.48	2.48	2.48
9	生石灰	公斤	167	—	561	561	561	582	582	582
	石灰膏	立方公尺	(0.279)		(0.935)	(0.935)	(0.935)	(0.970)	(0.970)	(0.970)
10	水	立方公尺	3.8	3.0	4.0	4.0	4.0	4.0	4.0	4.0
	重量	噸	18.92	18.19	18.23	18.37	18.51	18.18	18.32	18.46
	基價	千元	2902.64	3090.82	2825.09	2848.45	2875.59	2786.74	2808.66	2834.46
	地區價格	千元								

图 1.4　《一九五五年度建筑工程设计预算定额（草案）》摘录

2. 我国第一部概算指标（草案）

1955 年国家建设委员会关于颁发《一九五五年度建筑工程概算指标（草案）》（图 1.5）时的通知摘录如下。

“为了逐步健全国家基本建设的设计预算制度，急需有全国统一的建筑工程设计预算定额与概算指标，作为编审建筑工程设计预算和概算的依据。为此本委曾颁发《一九五五年度建筑工程设计预算定额（草案）》，现又颁发《一九五五年度建筑工程概算指标（草案）》，要求国务院各部、各省（市）及其所属各单位编制工业与民用的新建工程概预算时即试用。”

图 1.5　《一九五五年度建筑工程概算指标（草案）》封面

我国颁发的《一九五五年度建筑工程设计预算定额（草案）》和《一九五五年度建筑工程概算指标（草案）》的意义重大，不但填补了概预算定额的空白，满足了国家基本建设概预算管理的需要，而且还为今后通过实践修订概预算定额打下了良好的基础。

3. 我国第一部正式预算定额

1956 年，中华人民共和国国家建设委员会颁发了第一部正式的建筑工程预算定额。为什么要颁发这一定额？定额修订的主要内容有哪些？这可以从颁发时国家建设委员会的通知中看到。

通知提到：《一九五五年度建筑工程设计预算定额（草案）》自颁发试行以来，对建立与健全建设预算制度起了很大的作用，但其中亦存在着许多缺点，主要是定额项目不全，定额的规定有的不够明确，项目划分有的太细等。为了弥补这些不足，为细化预算的编制工作创造条件，本委会同各有关单位根据《一九五五年度建筑安装工程统一施工定额》、《建筑安装工程施工及验收暂行技术规范》、现行的标准设计及其他的经济设计资料等，对《一九五五年度建筑工程设计预算定额（草案）》进行了全面的修订与补充，编制成《建筑工程预算定额》。

综上所述，我国建设工程定额的起源来自苏联的基本建设定额，其编制内容与编制方法受到苏联计划经济时代基本建设定额的影响。

1.1.5　建设工程定额的分类

1. 按照生产要素分类

按照标准定额反映的生产要素消耗内容不同，建设工程定额可分为劳动消耗定额、机械消耗定额和材料消耗定额。

2. 按照用途分类

按照用途不同，建设工程定额可分为施工定额、预算定额、概算定额、概算指标、投资估算指标。

3. 按照适用范围分类

按照适用范围不同，建设工程定额可分为全国通用定额、行业通用定额和专业专用定额三种。

4. 按照主编单位和管理权限分类

按照主编单位和管理权限不同，建设工程定额可分为全国统一定额、行业统一定额、地区统一定额。

1.1.6　建设工程定额体系结构

建设工程定额是一种层层递进、从下往上的体系结构，即人工定额、材料消耗定额、机械台班定额、企业定额、单位估价表、预算消耗量定额、概算定额、概算指标和估算指标。

1.1.7　建设工程定额之间的关系

1. 建设工程定额体系框图

建设工程定额体系框图见图1.6。

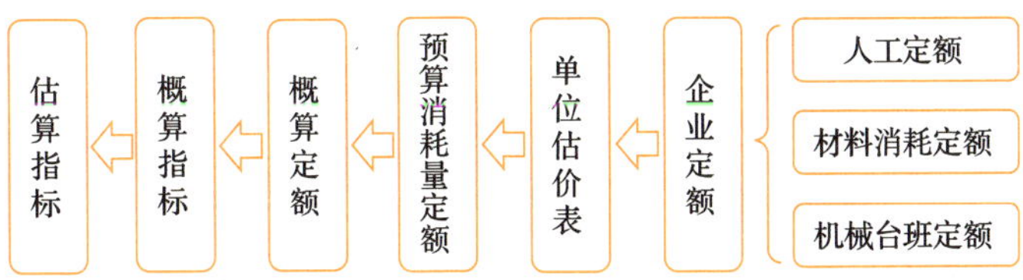

图1.6　建设工程定额体系框图

2. 建设工程定额各阶段作用

估算指标是建设项目决策阶段编制项目投资估算的依据。

概算指标是建设项目设计阶段编制初步设计概算的依据。

概算定额是建设项目技术（扩大初步）设计阶段编制扩大初步设计概算的依据。

预算消耗量定额和单位估价表是招投标阶段编制施工图预算、招标控制价以及投标报价的依据。

企业定额是建设项目实施阶段编制施工预算和控制施工成本的依据。

人工定额、材料消耗定额、机械台班定额是建设项目实施阶段下达班组施工任务书、限额领料单的依据。

1.2　提升与导学

1.2.1　提升

1. 我国定额来源历史背景

20 世纪 50 年代，我国全面学习和引进了苏联的基本建设经验与工程造价管理模式，学习其工程预算的编审制度和定额编制方法。

采用苏联建立的“技术测定法”编制预算定额的方法，一直沿用至今。因此，也称预算定额为“技术定额”。

2. 预算定额是建设工程定额的核心定额

虽然，建设工程定额有较庞大的体系，但预算定额是该体系中的核心定额。因为该定额是在设计阶段、招投标阶段、施工阶段、竣工阶段分别确定预算造价、招标控制价、中间结算价和工程竣工结算价等的法定依据，且该定额又是编制概算定额和概算指标的重要依据，所以是最核心的定额。

3. 定额已成为衡量工程成本管理效果的必然尺度

不管在建设程序的哪个阶段，不管是业主、承包商或者工程管理咨询公司，要想进行有效的工程成本管理，都离不开建设工程定额，特别是预算定额。因为这些定额是判断工程成本控制是否有成效的基本尺度。所以，成本控制不能脱离定额。

1.2.2　导学

1. 定额是确定工程消耗量的标准

在工程建设过程中必然消耗人力、物力和财力，特别是建造一幢房屋，需要多少钢筋与水泥，应预先计算出来，预算定额体现这一作用。

预算定额是采用科学方法测定已经完工工程消耗量数据后，运用科学的方法进行编制，反映了某一时期建造房屋生产要素消耗量的客观数据，具有科学性和权威性，所以是计算工程造价的标准。

2. 企业定额是承上启下的关键定额

通过上述内容已经了解到，企业定额是由人工定额、材料消耗定额和机械台班定额综合而成的，企业定额又是编制预算定额的基础，而预算定额又是编制概算定额的基础。所以，企业定额具有承上启下的作用。

企业定额由人工、材料、机械台班三大消耗量构成，而预算定额和概算定额也是由这三大消耗量构成的。因此，掌握了企业定额编制原理与方法就掌握了定额编制方法的核心内容。

3. 建设工程定额体系中定额的关键特性

虽然企业定额、预算定额、概算定额，乃至于概算指标都是由人工、材料、机械台班三大消耗量构成的，但是其定额水平的关键特性具有显著差异。

企业定额是内部管理的工具和基础，是按平均先进水平制定消耗量。预算定额、概算定额等是用来确定预算造价和概算造价，只能按社会平均水平制定消耗量。因此不同定额关键特性有显著的差别，必须深入了解。

练 习 题

一、单选题

1. 建设工程定额（ ）。
   A. 是概算指标与概算定额的总称
   B. 包含仓储定额
   C. 是由企业完成编制的定额
   D. 是完成一定计量单位合格建筑产品所消耗资源的数量标准
2. 我国建设定额是根据（ ）。
   A. 我国古代定额发展起来的
   B. 西方定额编制方法建立起来的
   C. 苏联基本建设预算制度建立起来的
   D. 我国自主研究开发的方法建立起来的
3. 建设工程定额可以按（ ）。
   A. 生产要素分类　　B. 编制人分类
   C. 编制单位分类　　D. 编制时间分类
4. 估算指标是（ ）。
   A. 规划阶段编制项目投资估算的依据

B. 施工企业编制施工预算的依据

C. 建设单位编制投资计划的依据

D. 决策阶段编制项目投资估算的依据

5. 企业定额是企业（　　）。

A. 编制进度计划的依据　B. 编制材料计划的依据

C. 编制劳动力计划的依据　D. 编制施工预算的依据

二、多选题

1. 下列属于建设工程定额的有（　　）。

A. 单位估价表　B. 企业定额

C. 人工定额　D. 资金定额

E. 机械台班定额

2. “泰罗制”的主要内容包括（　　）。

A. 有差别的计件工资制　B. 不同的工序

C. 标准的操作方法　D. 采用先进的工具设备

E. 制定科学的工时定额

3. 建设工程定额按生产要素分类可以分为（　　）。

A. 劳动消耗定额　B. 材料消耗定额

C. 机械台班消耗定额　D. 资金使用定额

E. 仓储定额

4. 建设工程定额按照用途分类可以分为（　　）。

A. 施工定额　B. 预算定额

C. 概算定额　D. 人工定额

E. 投资估算指标

5. 建设工程定额按照适用范围分类可以分为（　　）。

A. 专业专用定额　B. 行业通用定额

C. 企业通用定额　D. 班组专用定额

E. 全国通用定额

6. 建设工程定额按照主编单位和管理权限分类可以分为（　　）。

A. 全国统一定额　B. 行业统一定额

C. 地区统一定额　D. 企业统一定额

E. 施工队统一定额

7. 建设项目实施阶段下达班组施工任务书、限额领料单的依据有（　　）。

A. 劳动定额　B. 机械台班定额

C. 非劳动定额　D. 材料消耗定额

E. 人工定额

三、简述题

1. 简述建设工程定额的概念。
2. 简述“泰罗制”的内容。
3. 简述我国建设工程定额的起源?
4. 我国第一部预算定额名称是什么?哪一年颁发的?
5. 我国第一部概算指标名称是什么?哪一年颁发的?有何用途?
6. 我国第一部正式预算定额名称是什么?哪一年颁发的?
7. 简述建设工程定额体系结构。
8. 简述建设工程定额各阶段作用。

单元 2
施工过程和工作时间

知识点：

熟悉施工过程的概念，了解施工过程构成因素，熟悉工序、工作过程、综合工作过程的概念，了解分解施工过程的目的，熟悉定额时间和非定额时间，熟悉定额项目划分与施工过程关系。

技能点：

掌握工人工作时间示意框图，掌握机械工作时间示意框图，能举例说明定额项目划分与施工过程的关系。

课程思政：

2018 年 9 月 28 日，习近平总书记在参观抚顺市雷锋纪念馆时指出："实现中华民族伟大复兴，需要更多时代楷模。我们既要学习雷锋的精神，也要学习雷锋的做法，把崇高理想信念和道德品质追求转化为具体行动，体现在平凡的工作生活中，作出自己应有的贡献，把雷锋精神代代传承下去。"在新时代，我们要讲好雷锋故事、传承好雷锋精神，更好构筑中国精神、中国价值、中国力量，用理想之光照亮奋斗之路。作为高等职业院校学生，一定要牢记习近平总书记的教导，刻苦学习、精益求精，只有练就了一身真功夫，才能为新时代社会主义建设添砖加瓦！编制人工定额、材料消耗定额等要素定额，是从拟定合理的工作环境和观察完成项目的劳动时间开始的，因此首先要研究施工过程和工作时间。

2.1 施工过程研究

2.1.1 施工过程的概念

施工过程是指在建筑安装工地范围内所进行的各种生产过程。施工过程的最终目的是要建造、恢复、改造、拆除或移动工业、民用建筑物的全部或一部分。

例如，人工挖地槽土方、现浇钢筋混凝土构造柱、构造柱钢筋制作安装、金属栏杆制作，金属栏杆安装等，都属于一定范围内的施工过程。

2.1.2　构成施工过程的因素

建筑安装施工过程的构成因素是生产力的三要素，即劳动者、劳动对象和劳动手段。

1. 劳动者

劳动者主要指生产工人。建筑生产工人按其担任的工作不同而划分为不同的专业，如砖工、木工、钢筋工、电焊工、管道工、电工、筑炉工、推土机及载重汽车驾驶员等。

工人的技术等级是按其所做工作的复杂程度、技术熟练程度、责任大小、劳动强度等要素确定的。工人的技术等级越高，其技术熟练程度也就越高。

2. 劳动对象

劳动对象是指施工过程中所使用的建筑材料、半成品、成品、构件和配件、辅助材料等，如钢材、木材、水泥等。

3. 劳动手段

劳动手段是指在施工过程中工人用以改变劳动对象的工具、机具和施工机械等，如木材加工用的刨子和锯子，装饰装修用的冲击电钻、手提电锯、电刨，搅拌砂浆用的砂浆搅拌机等。

2.1.3　施工过程的分解

施工过程按其组织上的复杂程度，一般可以划分为工序、工作过程和综合工作过程。

1. 工序

工序是指在劳动组织上不可分割，而在技术操作上属于同一类的施工过程。

工序的主要特征是：劳动者、劳动对象和劳动工具均不发生变化。如果其中有一个条件发生了变化，就意味着从一个工序转入了另一个工序。

从施工的技术组织观点来看，工序是最基本的施工过程，是定额技术测定工作中的主要观察和研究对象。以砌砖这一工序为例，工人和工作地点是相对固定的，材料（砖）、工具（砖刀）也是不变的。如果材料由砖换成了砂浆或工具由砖刀换成了灰铲，那么工序就转入了铲灰浆或铺灰浆。

工序可以由一个工人来完成，也可以由小组或几名工人协同完成。工序可以由手动操作完成，也可以由机械操作来完成，如吊装楼面混凝土叠合板等。

从劳动过程的观点来看，工序又可以分解为更小的组成部分——操作，操作又可以分解为最小的组成部分——动作。

操作是多个动作的集合，若干个操作构成一道工序。

例如，弯曲钢筋这道工序，就是由把钢筋放在工作台上、对准位置、弯曲钢筋、将弯好的钢筋放置好等操作组成。把钢筋放在工作台上这一操作，又由走向堆放钢筋处、拿起钢筋、返回工作台、把钢筋放在工作台上、把钢筋靠近弯曲立柱架等动作组成。

2. 工作过程

工作过程是指同一工人或工人小组所完成的，在技术操作上相互有联系的工序组合。

工作过程的主要特征是：劳动者不变，工作地点不变，而材料和工具可以变换。

以调制砂浆这一工作过程为例，其人员是固定不变的，工作地点是相对稳定的，但材料会从砂子变换为水泥，工具要从铁铲变换为箩筐，材料和工具都发生变化。

由一个工人完成的工作过程称为个人工作过程。由一个小组共同完成的工作过程称为小组工作过程。

3. 综合工作过程

综合工作过程是指在施工现场同时进行的，在组织上有直接联系的，并且最终能获得一定劳动产品的施工过程的总和。

例如，砌砖墙这一综合工作过程，由调制砂浆、运砂浆、运砖、砌墙等工作过程构成，它们在不同的空间同时进行，在组织上有直接联系，并最终形成的共同产品是一定数量的砖墙。

施工过程的工序或其组成部分，如果以同样的内容和顺序不断循环，并且每重复一次循环可以生产出同样的产品，则称为循环施工过程；反之，则称为非循环施工过程。施工过程划分示意图见图 2.1。

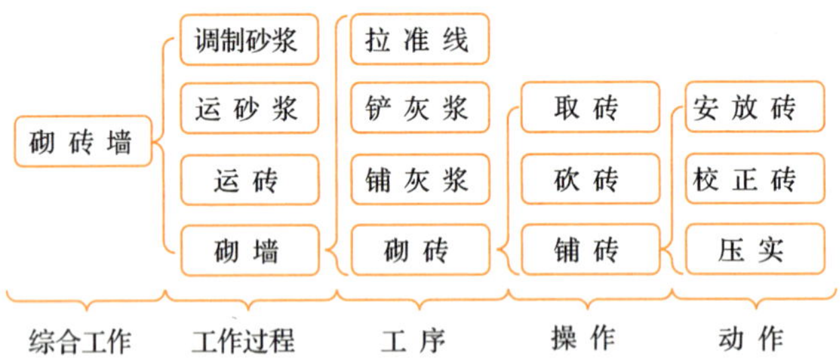

图 2.1　施工过程划分示意图

2.1.4　分解施工过程的目的

对施工过程进行分解并加以研究的主要目的包括以下几方面。

1. 总结先进工作经验

通过对施工过程的合理分解，可以从中寻求先进生产者完成各项工作最有效、最经济、最舒适的操作方法，以保证人力、物力的充分发挥，从而达到总结先进生产者的工作经验、降低成本、提高劳动生产率的目的。

2. 便于测定定额消耗量

通过对施工过程的分解，以便我们在技术上采取不同的现场观察方法来研究工料消耗的数量，取得编制定额的各项基础数据。

2.1.5 影响施工过程的因素

在建筑安装施工过程中，生产效率受到诸多因素的影响，导致同一单位产品的劳动消耗量不尽相同。因此，有必要对影响施工过程的有关因素进行分析，以便在测定定额数据和整理定额数据时，更合理地确定单位产品的劳动消耗量。

影响施工过程的因素主要有以下三个方面。

1. 技术因素

技术因素包括：产品的种类和质量要求；所用材料，半成品、成品，构配件的型号、规格和性能；所用工具和机械设备的类别、型号、性能及完好程度等。

2. 组织因素

组织因素包括：施工组织与施工方法；劳动组织；工人劳动态度；劳动报酬分配形式等。

3. 自然因素

自然因素一般包括：酷暑、大风、雨雪、冰冻等。

2.2 工作时间研究

完成任何施工过程，都必须消耗一定的时间，若要研究施工过程中的工时消耗量，就必须对工作时间进行分析研究。

工作时间是指工作班的延续时间。建筑安装企业工作班的延续时间为 8h（每个工日）。

工作时间的研究，是将劳动者在整个生产过程中所消耗的工作时间，根据其性质、范围和具体情况进行科学划分、归类，明确规定哪些属于定额时间和非定额时间，并找出非定额时间损失的原因，以便拟定技术组织措施，消除产生非定额时间的因素和充分利用工作时间，提高劳动生产率。

对工作时间的研究和分析，可以分为工人工作时间和机械工作时间两个类别进行。

2.2.1 工人工作时间

工人工作时间划分为定额时间和非定额时间两大类。工人工作时间分类示意图见图 2.2。

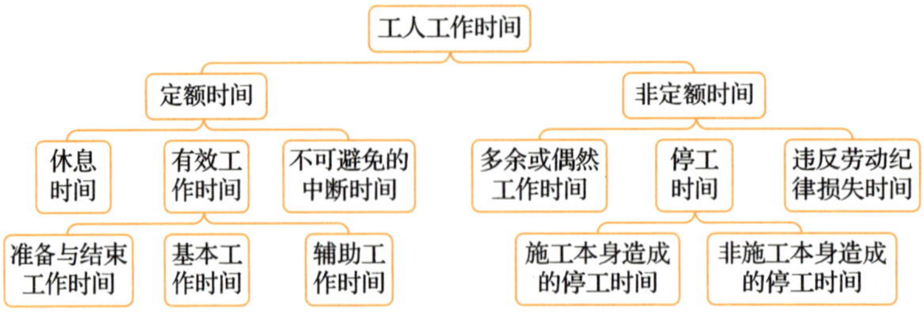

图 2.2　工人工作时间分类示意图

1. 定额时间

定额时间是指工人在正常施工条件下，为完成一定数量的产品或任务所必须消耗的工作时间，包括有效工作时间、休息时间、不可避免的中断时间。

（1）有效工作时间

有效工作时间是指与完成产品有直接关系的工作时间的消耗，包括准备与结束工作时间、基本工作时间、辅助工作时间。

1）准备与结束工作时间：是指工人在执行任务前的准备工作时间和完成任务后的整理工作时间，如领取工具、材料消耗的时间，工作地点布置消耗的时间，检查安全措施消耗的时间，保养机械设备消耗的时间，清理工地消耗的时间，交接班消耗的时间等。准备与结束工作时间一般分班内的和任务内的两种情况。

2）基本工作时间：是指工人完成与产品生产直接有关的工作时间，如砌砖施工过程的挂线、铺灰浆、砌砖等工作时间。基本工作时间消耗与生产工艺、操作方法、工人的技术熟练程度有关，并且与任务的大小成正比。

3）辅助工作时间：是指与施工过程的技术作业没有直接关系，而为了保证基本工作时间顺利进行而做的辅助性工作所需消耗的工作时间，如修磨校验工具、移动工作梯、工人转移工作地点等所需的时间。

辅助工作一般不改变产品的形状、位置和性能。

（2）休息时间

休息时间是指工人在工作中，为了恢复体力所需的短时间休息，以及由于生理上的要求所必需消耗的时间（如喝水、上厕所等）。休息时间的长短与劳动强度、工作条件、工作性质等有关。例如，在高温、高空、有毒环境条件下工作时，休息时间应该多一些。

（3）不可避免的中断时间

不可避免的中断时间是指施工过程中由于技术、组织及施工特点等原因所引起的工作中断时间，如汽车驾驶员等待装卸货物的时间、安装工人等待构件起吊的时间等。

2. 非定额时间

（1）多余或偶然工作时间

多余或偶然工作时间是指在正常施工条件下不应发生的时间消耗或由于意外情况所引起的时间消耗，如拆除超过图示高度所砌的多余墙体时间、现浇构件模板尺寸不符合要求需要修改所需的时间。

（2）停工时间

停工时间包括由施工本身原因造成的停工和非施工本身造成的停工两种情况所消耗的时间。

1）施工本身造成的停工时间：是指由于施工组织和劳动组织不合理，材料供应不及时，施工准备工作不充分而引起的停工时间。

2）非施工本身造成的停工时间：是指由于外部原因影响，造成施工单位停工的时间，包括设计图纸不能及时交付施工单位、水电供应临时中断、气象条件（如大雨、风暴、严寒、酷热等）等所造成的停工损失时间。

（3）违反劳动纪律损失时间

违反劳动纪律损失时间是指工人不遵守劳动纪律而造成的时间损失，如工作班内工人迟到、早退、闲谈、办私事等原因造成的时间损失，以及由于个别工人违反劳动纪律而造成其他工人无法正常工作的时间损失。

在编制定额时，上述非定额时间一般不予考虑。

2.2.2　机械工作时间

机械工作时间的分类与工人工作时间的分类不尽相同，如有效工作时间中所包含的有效工作内容不同，这种不同是由于机械本身的特点所决定的。机械工作时间分类示意图如图2.3所示。

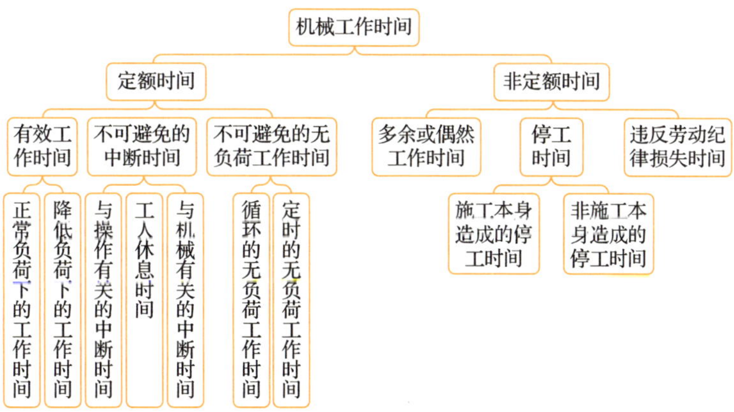

图2.3　机械工作时间分类示意图

1. 定额时间

（1）有效工作时间

有效工作时间包括正常负荷下和降低负荷下两种情况工作时间的消耗。

1）正常负荷下的工作时间：是指机械在使用说明书规定的负荷下进行的工作时间。在个别情况下，由于技术上的原因，机械可以在低于规定的负荷下工作。例如，汽车载运体积大而重量轻的货物时（如泡沫混凝土等），不能充分利用汽车的载重吨位，因而不得不降低负荷工作，此类情况也应视为在正常负荷下的工作。

2）降低负荷下的工作时间：是指由于工人或管理人员的过失，造成机械在降低负荷情况下的工作时间，如工人装车的砂石数量不足，装入混凝土搅拌机的材料数量不够，引起汽车和搅拌机在降低负荷下的工作时间。

（2）不可避免的中断时间

不可避免的中断时间是指由于施工过程的技术和组织因素造成机械工作中断的时间。

1）与操作有关的中断时间：与操作有关的不可避免的中断时间一般包括循环和定时两种。

循环的与操作有关的中断时间是指在机械工作的每次循环过程中重复发生的中断时间，如汽车装货、卸货的停歇时间。

定时的与操作有关的中断时间是指机械工作在经过一定时间重复发生的中断时间，如水磨石机从一个工作地点转移到另一工作地点发生的中断时间。

2）工人休息时间：是指工人必需的休息时间。

3）与机械有关的中断时间：是指使用机械工作的工人，在准备与结束工作时，使机械暂停的中断时间，或者在维护保养机械时必须使其停转所发生的中断时间。

（3）不可避免的无负荷工作时间

不可避免的无负荷工作时间是指由于施工过程的特性和机械结构的特点所造成机械无负荷工作时间，一般分为循环的无负荷工作时间和定时的无负荷工作时间两类。

1）循环的无负荷工作时间：是指由于施工过程的特点所引起的机械空转所消耗的时间，它在机械工作的每一个循环工作中重复发生，如推土机到达工作段终端后的倒车时间、起重机吊完构件后返回构件堆放地点的时间等。

2）定时的无负荷工作时间：主要指发生在载重汽车、推土机、挖土机等机械工作中的无负荷工作时间，如工作班开始和结束时机械来回无负荷的行走或工作地段转移所消耗的时间。

2. 非定额时间

（1）多余或偶然工作时间

多余或偶然工作时间包括：可避免的机械无负荷工作时间，如灰浆搅拌机工作时，工人没有及时供料而使机械空转的时间；机械在负荷下所做的多余工作，如混凝土搅拌机搅拌混凝土时超过规定的时间。

（2）停工时间

停工时间按其性质分为以下两种。

1）施工本身造成的停工时间：是指施工组织不合理或个人原因引起的机械停工时间，如没有施工工作面，未能及时给机械加水、加油，机械损坏等原因引起的机械停工时间。

2）非施工本身造成的停工时间：是指由于外部条件的影响所引起的机械停工时间，如水源、电源中断（非施工原因），气候条件的影响等原因引起的机械停工时间。

（3）违反劳动纪律损失时间

违反劳动纪律损失时间是指由于工人违反劳动纪律而引起的机械停工时间。

2.3　提升与导学

2.3.1　提升

1. 研究施工过程的目的是科学划分各种定额项目

定额项目划分与施工过程的关系举例见表 2.1。

表 2.1　定额项目划分与施工过程的关系举例

<table>
<tr><th>概算定额项目</th><th>预算定额
（计价定额）
项目</th><th>企业定额
（施工定额）
项目</th><th>人工定额
（台班定额）
项目</th></tr>
<tr><td rowspan="16">预制矩形梁制作、运输、安装</td><td rowspan="7">1.预制矩形梁制作</td><td rowspan="3">1.预制矩形梁模板制作与安装</td><td>1.模板制作</td></tr>
<tr><td>2.模板安装</td></tr>
<tr><td>3.刷隔离剂</td></tr>
<tr><td rowspan="2">2.预制矩形梁混凝土浇捣</td><td>4.混凝土运输</td></tr>
<tr><td>5.混凝土浇捣</td></tr>
<tr><td rowspan="2">3.预制矩形梁养护</td><td>6.混凝土养护</td></tr>
<tr><td>7.模板拆除</td></tr>
<tr><td rowspan="5">2.预制矩形梁运输</td><td>4.预制矩形梁生产厂堆放</td><td>8.梁堆放</td></tr>
<tr><td rowspan="4">5.预制矩形梁运输</td><td>9.梁装车</td></tr>
<tr><td>10.梁运输</td></tr>
<tr><td>11.梁卸车</td></tr>
<tr><td>12.梁堆放</td></tr>
<tr><td rowspan="4">3.预制矩形梁安装</td><td rowspan="2">6.预制矩形梁安装</td><td>13.梁吊装</td></tr>
<tr><td>14.支撑面砂浆找平</td></tr>
<tr><td rowspan="2">7.梁接头灌浆与预埋件安装</td><td>15.接头灌浆</td></tr>
<tr><td>16.预埋件安装</td></tr>
<tr><td>扩大分项工程</td><td>综合工作过程</td><td>工作过程</td><td>工序</td></tr>
<tr><td colspan="4">施工过程划分及关系</td></tr>
</table>

表 2.1 中关键内容提示如下。

（1）表头列出了四种定额的项目名称

通过表头的四种定额，可以了解它们之间的关系，包括四种定额之间的包含和汇总关系；可以明确包含或者汇总的是消耗量还是货币量……弄清楚这些问题，就掌握了本单元内容的核心。

（2）表尾列出了施工过程划分的项目

通过表尾的四种施工过程了解它们之间的关系，包括四种施工过程之间的包含和汇总关系。

2. 研究工作时间的目的是科学测定定额时间

技术测定法记录的最小工作时间是完成工序所需的时间，这一时间是人工定额项目的基本时间、最重要的时间。施工过程对工序的划分和工作时间对定额工作时间的划分，是科学测定定额时间的基础。

内在关联的工序时间汇总构建为施工定额（企业定额）项目的人工工日数，内在关联的施工定额（企业定额）项目的人工工日数汇总构建为预算定额（计价定额）项目的人工工日数，内在关联的预算定额（计价定额）项目的人工工日数汇总构建为概算定额项目的人工工日消耗量。

> **想一想**
> 概算定额的人工工日消耗量可以汇总构建为概算指标吗？为什么？

2.3.2 导学

1. 不了解建设工程定额项目的划分内容就不能完全掌握施工过程划分的方法

施工过程划分方法决定了定额项目划分的方法。工序项目必然有对应的定额项目，如人工定额项目；工作过程项目必然有对应的施工定额（企业定额）项目；综合工作过程项目必然有对应的预算定额项目；扩大分项工程项目必然有对应的概算定额项目。

当然，这一对应关系不是绝对的，预算定额项目也可以是综合工作过程。

2. 掌握工序划分方法是本课程学习的重点

工序的定义是“三个不变”，只有通过不断熟悉施工过程才能逐渐掌握工序的划分方法。

3. 定额时间的界定

无论什么定额，工人定额时间是直接或者间接创造建筑产品价值的时间。所以，凡是不能创造建筑产品价值的时间都视为非定额时间。

练　习　题

一、单选题

1. 施工过程是指在建筑安装工地范围内的（　　）。

A. 准备过程　　B. 计划过程

C. 验收过程　　D. 所进行的各种生产过程

2. 劳动者主要指（　　）。

A. 农民工　B. 技术工　C. 普工　D. 生产工人

3. 从劳动过程的观点来看，工序又可以分解为更小的组成部分，即（　　）。

A. 工作　B. 操作　C. 动作　D. 作业

4. 工作时间是指（　　）。

A. 工作班的延续时间　B. 工作中的时间

C. 工作中聊天的时间　D. 工作中返工的时间

5. 抹灰中转移梯子的时间是（　　）。

A. 非工作时间　B. 准备时间

C. 工作时间　D. 额外时间

二、多选题

1. 构成施工过程的因素包括（　　）。

A. 劳动者　B. 管理者

C. 质量控制　D. 劳动手段

E. 劳动对象

2. 劳动对象是指施工过程中所使用的（　　）。

A. 半成品　B. 成品

C. 构件　D. 砂浆搅拌机

E. 建筑材料

3. 工作过程的主要特征是（　　）。

A. 劳动者不变　B. 工作地点不变

C. 材料可以变换　D. 工具可以变换

E. 工作地点可以变

4. 影响施工过程的因素有（　　）。

A. 技术因素　B. 管理因素

C. 组织因素　D. 经济因素

E. 自然因素

5. 定额时间包括（　　）。

A. 有效工作时间　B. 休息时间

C. 不可避免的中断时间　D. 准备工作时间

E. 工人培训时间

6. 非定额时间包括（　　）。

A. 偶然工作时间　B. 停工时间

C. 休息时间　D. 聊天时间

E. 停电时间

7. 机械有效工作时间包括（　　）。

A. 正常负荷下的工作时间　B. 正常保养时间

C. 降低负荷下的工作时间
D. 不可避免的中断时间
E. 驾驶员休息时间

三、简述题

1. 什么是施工过程？
2. 简述构成施工过程的因素。
3. 什么是劳动手段？
4. 什么是工作过程？
5. 为什么要分解施工过程？
6. 有效工作时间包括哪些时间？
7. 什么是辅助工作时间？
8. 什么是多余或偶然工作时间？
9. 简述机械降低负荷下的工作时间。
10. 简述机械非施工本身造成的停工时间。

单元 3
技术测定法

知识点：

熟悉技术测定法的概念，技术测定法的影响因素；熟悉选择测时法、接续测时法、写实记录法；了解工作日写实法、简易测定法。

技能点：

会填写选择测时法记录表，会填写接续测时法记录表，能够计算测时法的观察次数，会填写写实记录法表，能够整理工作日写实法记录结果。

课程思政：

我国独立建成的天宫空间站，打破了西方国家在空间技术上的垄断，大长了中国人民的志气！空间站可进行多种科学实验活动，包括生命科学、生物工程等，可以开发空间资源、发展空间产业、进行高新技术实验，可作为飞往月球和火星的过渡站，可进行遥感遥测等各种科学活动。与国际空间站相比，天宫空间站所有的部件设计都是可替换的，理论上能一直在太空中作为我们深空探索的前哨基地；太阳能使用三结砷化镓电池达到国际先进水平；“巡天”光学望远镜比“哈勃”望远镜更方便维修和保养。国际空间站必须有航天飞机或者货运飞船对接才能调整姿态，而我国的天官空间站有自带的霍尔推进器，可通过自带动力实现空间姿态调整。我国航天人的成就和精神永远鼓舞着我们要好好学习，为实现中国梦献上自己的一份力量。

3.1 技术测定法概述

技术测定法是一种科学的调查研究方法。它是通过对施工过程的具体活动进行实地观察，详细记录工人和机械的工作时间消耗量、完成产品的数量及有关影响因素，并将记录结果进行科学的研究、分析，整理出可靠的原始数据资料，为制定定额提供可靠数据的一种科学方法。

技术测定资料对于编制定额、科学组织施工、改进施工工艺、总结先进生产者的工作经验等，都具有十分重要的作用。

3.1.1 技术测定的准备工作

按照进行的先后顺序，技术测定的准备工作，一般包括以下内容。

1. 明确测定目的和正确选择测定对象

如前所述，技术测定的作用是多方面的。因此，在进行测定前，应该首先明确测定目的。根据不同的测定目的，选择测定对象，才能获得所需的技术测定资料。

（1）总结推广先进经验

如果是为了总结推广先进经验，则应选择先进班组（个人）作为测定对象。

（2）为了提高工效

如果为了帮助长期完不成企业定额工作量的班组（个人）提高工效，则应选择长期完不成企业定额的班组（个人）作为测定对象。

（3）为了制定定额

如果是为了制定企业定额，则应选择本企业有普遍代表性的班组（个人）作为测定对象。当然，也应选择一些比较先进和比较落后的班组（个人）作为参考对象。

2. 熟悉施工过程

在明确了测定目标和选择好测定对象之后，测定人员应熟悉所测施工过程的施工图、施工方案、施工准备、产品特征、劳动组织、材料供应、操作方法等情况；熟悉编制定额的有关规定，现行建筑安装工程施工及验收规范、技术操作规程及安全操作规程等有关技术资料。

只有掌握了上述有关情况、资料和有关规定后，才能做到心中有数，才能准确地划分所测施工过程的组成部分和详细记录有关影响因素，保证技术测定资料的质量。

3. 划分施工过程的组成部分

将要测定的施工过程，分别按工序、操作或动作划分为若干组成部分。其目的是便于准确地记录时间和分析组成部分的合理性。

各组成部分划分的粗细程度，可以根据所采用的不同测定方法确定。

（1）采用写实记录法时各组成部分划分

采用写实记录法时，施工过程的各组成部分一般按工序进行划分，同时还应选定各组成部分的计量单位。

计量单位的选定力求具体，应能正确反映产品数量，并应注意计算方便和在不同施工过程中保持稳定。

例如，砌砖墙施工过程组成部分的划分和计量单位的选定见表 3.1。

表 3.1　砌砖墙施工过程组成部分的划分和计量单位的选定

序号	组成部分名称	计量单位
1	拉准线	次
2	铲灰浆	m^3
3	铺灰浆	m^3
4	摆砖、砍砖	块
5	砌砖	块

（2）采用测时法时各组成部分划分

采用测时法时，由于其精度要求较高，所以施工过程的组成部分也可以划分到操作。

为了准确记录时间，保证测时的精确度，在划分组成部分的同时，还必须明确各组成部分之间的分界点，这个分界点通常称为定时点。

定时点的确定可以是前一组成部分终了的那一点，也可以是后一组成部分开始的那一点。但是这一点的选择必须易于观察，并能保证延续时间的稳定。

例如，门框边挺机械打眼（用单头打眼机）的组成部分和定时点见表 3.2。

表 3.2　门框边挺机械打眼的组成部分和定时点

序号	组成部分名称	定时点
1	把边挺料放进卡具拧紧	手触门框边挺料
2	打眼和移位	手触打眼机操作柄
3	翻料	松动卡具
4	打眼和移位	手触打眼机操作柄

（3）采用写实记录法时各组成部分划分

写实记录法可以用来研究所有性质的工作时间消耗，有数示法、图示法和混合法三种。

（4）采用工作日写实法时各组成部分划分

采用工作日写实法时，施工过程的组成部分则按定额时间和非定额时间划分。定额时间划分为基本工作时间、辅助工作时间、准备与结束工作时间、休息时间、不可避免中断时间。非定额时间的具体划分可根据测定过程中实际出现的损失时间的原因来确定。

（5）采用简易测定法时各组成部分划分

采用简易测定法时，施工过程的组成部分一般可划分为工作时间和损失时间两项。也有的不划分组成部分，仅观察损失时间，最后从延续时间中减去损失时间而得出定额时间。

4. 测定工具的准备

为了满足测定过程中的实际需要，应准备好记录夹、测定所需的各种表格、计时器（表）、数码照相机或摄像机，以及其他记录测定过程的必需品。

除了上述工作外，在测定工作开展之前，应向基层管理干部和工人讲清楚技术测定的意义和作用，获得他们的配合和帮助，从思想上、组织上为开展好技术测定工作创造条件，做好准备工作。

3.1.2 因素反映

因素反映是指调查并详述所测施工过程的有关基本因素。其目的在于对该施工过程从技术上和组织上做全面的鉴定和说明。这是技术测定过程中不可缺少的一项重要工作。

各种测定方法（包括测时法、写实记录法、工作日写实法等）所取得的技术数据，与该施工过程有关的技术因素、组织因素及自然因素密切相关。

在同一施工过程中，即使相同的施工条件下，由于不同的工人进行操作，其完成产品的工作时间消耗也会有很大的差别。这就要求在技术测定过程中详细地反映出所测施工过程有关因素的状态特点及其数值。

只有准确地反映出所测施工过程的有关因素，测定资料的数据才具有使用价值。因此，每进行一次测定，应及时将所测施工过程的有关因素填写在专用的因素登记表中，因素登记表（表 3.3）填写要求如下。

“调查号次”栏可暂不填写，待汇总整理资料时，按各份资料的测定时间先后统一编号。

“施工过程名称”栏一般应按现行劳动定额项目划分的名称填写。

“班组日常效率情况”栏应按班组平时完成现行人工定额的情况进行填写。

“材料和产品特征”栏一般填写材料类别、规格、质量、性能、产品特征，以及绘制产品的外观形状、规格尺寸、部位等。

表 3.3　因素登记表

<table>
<tr><td colspan="2">施工单位名称</td><td colspan="2">工地名称</td><td colspan="3">年月日</td><td>调查号次</td><td>页次</td></tr>
<tr><td colspan="2"></td><td colspan="2"></td><td colspan="3"></td><td></td><td></td></tr>
<tr><td colspan="9">施工过程名称：</td></tr>
<tr><td colspan="5">班组日常效率情况：</td><td colspan="4">班长姓名：</td></tr>
<tr><td rowspan="2">姓名</td><td rowspan="2">年龄</td><td rowspan="2">文化程度</td><td rowspan="2">工种</td><td rowspan="2">等级</td><td colspan="2">工龄</td><td rowspan="2">工资形式</td><td rowspan="2">附注</td></tr>
<tr><td>本工种</td><td>其他</td></tr>
<tr><td></td><td></td><td></td><td></td><td></td><td></td><td></td><td></td><td></td></tr>
<tr><td colspan="6">材料和产品特征</td><td colspan="3">工具、用具和机械特征</td></tr>
<tr><td colspan="6"></td><td colspan="3"></td></tr>
<tr><td colspan="3">工作地点特征</td><td colspan="3">施工过程的组织说明</td><td colspan="3">施工过程的技术说明</td></tr>
<tr><td>工作位置</td><td colspan="2"></td><td colspan="3" rowspan="7"></td><td colspan="3" rowspan="7"></td></tr>
<tr><td>温度</td><td colspan="2"></td></tr>
<tr><td>天气情况</td><td colspan="2"></td></tr>
<tr><td>照明</td><td colspan="2"></td></tr>
<tr><td>采暖</td><td colspan="2"></td></tr>
<tr><td colspan="3">工作地点平面图</td></tr>
<tr><td colspan="3"></td></tr>
</table>

“工具、用具和机械特征”栏填写所使用的工具和用具的必要资料，如使用新工具时应绘出图样；如有机械配合施工时，应将机械型号、性能、完好情况等进行说明。

“工作地点平面图”栏绘出施工场地的平面布置图，标明施工面大小、机械和堆放材料的位置以及运输道路等情况。

“施工过程的组织说明”栏填写劳动组织及分工，该施工过程与相邻施工过程在组织上的联系，工人的劳动态度和技术熟练程度，以及与施工组织有关的影响因素。

“施工过程的技术说明”栏填写该施工过程的工作内容，各组成部分的操作方法，产品质量及安全措施等。

3.2 测 时 法

测时法是一种精确度比较高的技术测定方法，主要适用于研究以循环形成不断重复进行的施工过程。它主要用于观测研究循环施工过程组成部分的工作时间消耗，不研究工人休息、准备与结束工作及其他非循环施工过程的工作时间消耗。

采用测时法，可以为制定人工定额提供完成单位产品所必需的基本工作时间的可靠数据；可以分析研究工人的操作方法，总结先进经验，帮助工人班组提高劳动生产率。

3.2.1 测时法的分类

测时法按记录时间的方法不同，分为选择测时法和接续测时法两种。

1. 选择测时法

选择测时法又叫间隔计时法或重点计时法。

采用选择测时法时，不是连续地测定施工过程全部循环工作的组成部分，而是每次有选择地、不按顺序地测定其中某一组成部分的工时消耗。经过若干次选择测时后，直到填满表格中规定的测时次数，完成各个组成部分全部测时工作为止。

由于被观察的对象是循环施工过程，所以采用选择测时法，每次都有可能集中精力测定某一组成部分的工时消耗，经过不断反复测定，直到取得表格中所需的全部时间参数为止。

选择测时法记录时间的方法为：测定开始时，立即开动秒表，到预定的定时点时，即刻停止秒表，此刻显示的时间即为所测组成部分的延续时间。当另一组成部分开始时，再开动秒表，如此循环测定。

选择测时法的观测精度较高，但观测技术比较复杂。

表 3.4 所示为选择测时法所用的表格和具体实例。测定开始之前，应将预先划分好的组成部分和定时点填入表格内。在测时记录时，可以按施工组成部分的顺序将测得的时间填写在表格的时间栏目内，也可以有选择地将测得的施工组成部分的所需时间填入对应的栏目内，直到填满为止。

表 3.4　选择测时法记录表

<table>
<tr><td colspan="2" rowspan="2">观察对象：
大型屋面板
吊装</td><td>施工单位</td><td colspan="5">工地</td><td colspan="5">日期</td><td>开始
时间</td><td>终止
时间</td><td>延续
时间</td><td>观察
号次</td><td>页次</td></tr>
<tr><td></td><td colspan="5"></td><td colspan="5"></td><td>9:00</td><td>11:00</td><td>2h</td><td></td><td></td></tr>
<tr><td colspan="2">时间精度：1s</td><td colspan="16">施工过程名称：轮胎式起重机（QL_3-6）吊装大型屋面板</td></tr>
<tr><td rowspan="3">号
次</td><td rowspan="3">组成部分</td><td rowspan="3">定时点</td><td colspan="10">每次循环的工时消耗</td><td colspan="3">时间整理</td><td rowspan="3">产品
数量</td><td rowspan="3">附注</td></tr>
<tr><td colspan="10">单位：s/块</td><td rowspan="2">正常
延续
时间
总和</td><td rowspan="2">正常
循环
次数</td><td rowspan="2">算术
平均
值</td></tr>
<tr><td>1</td><td>2</td><td>3</td><td>4</td><td>5</td><td>6</td><td>7</td><td>8</td><td>9</td><td>10</td></tr>
<tr><td>1</td><td>挂钩</td><td>挂钩后松手
离开吊钩</td><td>31</td><td>32</td><td>33</td><td>32</td><td>43①</td><td>30</td><td>33</td><td>33</td><td>33</td><td>32</td><td>289</td><td>9</td><td>32.1</td><td rowspan="5">每循
环一
次吊
装大
型屋
面板
一块；
每块
重 1.5t</td><td rowspan="5">①挂了
二次钩；
②吊钩
下降高
度不够，
第一次
没有脱
钩</td></tr>
<tr><td>2</td><td>上升回转</td><td>回转结束后
停止</td><td>84</td><td>83</td><td>82</td><td>86</td><td>83</td><td>84</td><td>85</td><td>82</td><td>82</td><td>86</td><td>837</td><td>10</td><td>83.7</td></tr>
<tr><td>3</td><td>下落就位</td><td>就位后停止</td><td>56</td><td>54</td><td>55</td><td>57</td><td>57</td><td>69②</td><td>56</td><td>57</td><td>56</td><td>54</td><td>502</td><td>9</td><td>55.8</td></tr>
<tr><td>4</td><td>脱钩</td><td>脱钩后开始
回升</td><td>41</td><td>43</td><td>40</td><td>41</td><td>39</td><td>42</td><td>42</td><td>38</td><td>41</td><td>41</td><td>408</td><td>10</td><td>40.8</td></tr>
<tr><td>5</td><td>空钩回转</td><td>空钩回至构件
堆放处</td><td>50</td><td>49</td><td>48</td><td>49</td><td>51</td><td>50</td><td>50</td><td>48</td><td>49</td><td>48</td><td>492</td><td>10</td><td>49.2</td></tr>
<tr><td></td><td></td><td></td><td colspan="10">合计</td><td></td><td></td><td>261.6</td><td></td><td></td></tr>
</table>

2. 接续测时法

接续测时法又称连续测时法。该方法是对施工过程循环组成部分进行不间断的连续测定，不能遗漏任何一个循环的组成部分。

接续测时法所测定的时间包括了施工过程中的全部循环时间，是在各组成部分相互联系中求出每一组成部分的延续时间，这样各组成部分延续时间之间的误差可以相互抵消，所以接续测时法是一种比较准确的方法。

接续测时法在测定时间时使用具有辅助秒针的计时表。当测时开始时，立即开动秒表测到预定的定时点，这时辅助针停止转动，辅助针停止的位置即组成部分的时间点，记录时间点，使辅助针继续转动至下一个组成部分定时点，再停止辅助针，记录时间点（辅助针停止时，计时表仍在继续走动），如此不间断地测时，直到全部过程测完为止。

在测定开始之前，也需将预先划分的组成部分和定时点分别填入测时表格内。每次测时时，将组成部分的终止时间点填入表格，测时结束后再根据后一组成部分的终止时间计算出后一组成部分的延续时间，并将其填入表格中。表 3.5 所示为连续测时法所用的表格和具体实例。

表 3.5 接续测时法记录表

观察对象：人力胶轮车运标准砖	施工单位	工地	日期	开始时间	终止时间	延续时间	观察号次	页次
				8:00	10:14	2h14min		
时间精度：1s	施工过程名称：人力胶轮车运标准砖（运距 25m）							

号次	组成部分名称	时间	观察次数																				时间整理			产品数量	备注
			1		2		3		4		5		6		7		8		9		10		时间总和/s	观察次数	算术平均值/s		
			min	s	min	s	min	s	min	s	min	s	min	s	min	s	min	s	min	s	min	s					
1	装车	终止时间	5	50	19	25	32	43	46	18	59	44	12	57	26	13	39	29	53	03	6	22	3501	10	350.1	每车运100块标准砖	
		延续时间		350		360		345		353		348		347		351		340		355		352					
2	运走	终止时间	6	50	20	26	33	41	47	19	0	43	13	55	27	15	40	29	54	02	7	24	603	10	60.3		
		延续时间		60		61		58		61		59		58		65		60		59		62					
3	卸车	终止时间	12	30	26	01	39	29	53	00	6	15	19	28	32	54	46	12	59	33	12	58	3376	10	337.6		
		延续时间		340		335		348		341		332		333		339		343		331		334					
4	空回	终止时间	13	25	26	58	40	25	53	56	7	10	20	22	33	49	47	08	0	30	13	53	556	10	55.6		
		延续时间		55		57		56		56		55		54		55		56		57		55					
			合计																						803.6		

3.2.2　测时法的观察次数

在对施工过程进行测时时，观测次数的多少直接影响测时资料的精确度。因此，如何确定必需的观察次数，是一个需要研究解决的问题。

实践证明，在使用测时法时，尽管选择了比较正常的施工条件，但所测得的时间数列中，各组成部分的延续时间每次总是不完全相等。这种偏差主要是由于施工过程中各种因素共同作用造成的。因此，在测时过程中需要解决一个实际问题，就是每组观察对象中各组成部分应观察多少次才能取得比较准确的数值。一般来说，观察的次数越多，资料的准确性越高，但花费的时间和人力也越多。为了确定必要而又能保证测时资料准确性的观察次数，我们提供了测时所必需的观察次数表（表 3.6）和有关精确度的计算方法，可供测定过程中检查所测次数是否满足要求。

表 3.6　测时法观察次数表

精度要求	算术平均值精确度 E/%				
稳定系数 K_p	观察次数				
	5 次以内	7 次以内	10 次以内	15 次以内	20 次以内
1.5	9	6	5	5	5
2.0	16	11	7	5	5
2.5	23	15	10	6	5
3.0	30	18	12	8	6
4.0	39	25	15	10	7
5.0	47	31	19	11	8

表 3.6 中稳定系数为

$$K_p = \frac{t_{max}}{t_{min}}$$

式中，t_{max}——最大观测值；

t_{min}——最小观测值。

算术平均值精确度计算公式为

$$E = \pm\frac{1}{\overline{x}}\sqrt{\frac{\sum \Delta^2}{n(n-1)}}$$

式中，E——算术平均值精确度；

$\overline{x}$——算术平均值；

n——观测次数；

Δ——每一次观测值与算术平均值的偏差，$\sum \Delta^2 = \sum_{i=1}^{n}(x_i - \overline{x})^2$。

【例 3.1】 根据表 3.4 中所测数据，试计算该施工过程的算术平均值、算术平均值精确度、稳定系数，并判断观测次数是否满足要求。

解：（1）吊装大型屋面板挂钩。

算术平均值为

$$\bar{x}=\frac{1}{9}\times(31+32+33+32+30+33+33+33+32)=32.1$$

$$\begin{aligned}\sum\Delta^2&=(31-32.1)^2+(32-32.1)^2+(33-32.1)^2+(32-32.1)^2+(30-32.1)^2\\&\quad+(33-32.1)^2+(33-32.1)^2+(33-32.1)^2+(32-32.1)^2\\&=1.21+0.01+0.81+0.01+4.41+0.81+0.81+0.81+0.01\\&=8.89\end{aligned}$$

算术平均值精确度为

$$E=\pm\frac{1}{32.1}\sqrt{\frac{8.89}{9(9-1)}}=\pm1.09\%$$

稳定系数为

$$K_{\mathrm{p}}=\frac{33}{30}=1.10$$

查表 3.6 可知，观察次数满足要求。

（2）上升回转。

算术平均值为

$$\bar{x}=\frac{1}{10}\times(84+83+82+86+83+84+85+82+82+86)=83.7$$

$$\begin{aligned}\sum\Delta^2&=(84-83.7)^2+(83-83.7)^2+(82-83.7)^2+(86-83.7)^2+(83-83.7)^2\\&\quad+(84-83.7)^2+(85-83.7)^2+(82-83.7)^2+(82-83.7)^2+(86-83.7)^2\\&=0.09+0.49+2.89+5.29+0.49+0.09+1.69+2.89+2.89+5.29\\&=22.1\end{aligned}$$

算术平均值精确度为

$$E=\pm\frac{1}{83.7}\sqrt{\frac{22.1}{10(10-1)}}=\pm0.59\%$$

稳定系数为

$$K_{\mathrm{p}}=\frac{86}{82}=1.05$$

查表 3.6 可知，观测次数满足要求。

（3）下落就位。

算术平均值为

$$\bar{x}=\frac{1}{9}\times(56+54+55+57+57+56+57+56+54)=55.8$$

$$\begin{aligned}\sum\Delta^2&=(56-55.8)^2+(54-55.8)^2+(55-55.8)^2+(57-55.8)^2+(57-55.8)^2\\&\quad+(56-55.8)^2+(57-55.8)^2+(56-55.8)^2+(54-55.8)^2\\&=0.04+3.24+0.64+1.44+1.44+0.04+1.44+0.04+3.24\\&=11.56\end{aligned}$$

算术平均值精确度为

$$E=\pm\frac{1}{55.8}\sqrt{\frac{11.56}{9(9-1)}}=\pm0.72\%$$

稳定系数为

$$K_{\mathrm{p}}=\frac{57}{54}=1.06$$

查表 3.6 可知，观测次数满足要求。

（4）脱钩。

算术平均值为

$$\bar{x}=\frac{1}{10}\times(41+43+40+41+39+42+42+38+41+41)=40.8$$

$$\begin{aligned}\sum\varDelta^2&=(41-40.8)^2+(43-40.8)^2+(40-40.8)^2+(41-40.8)^2+(39-40.8)^2\\&\quad+(42-40.8)^2+(42-40.8)^2+(38-40.8)^2+(41-40.8)^2+(41-40.8)^2\\&=0.04+4.84+0.64+0.04+3.24+1.44+1.44+7.84+0.04+0.04\\&=19.6\end{aligned}$$

算术平均值精确度为

$$E=\pm\frac{1}{40.8}\sqrt{\frac{19.6}{10(10-1)}}=\pm1.14\%$$

稳定系数为

$$K_{\mathrm{p}}=\frac{43}{38}=1.13$$

查表 3.6 可知，观测次数满足要求。

（5）空钩回转。

算术平均值为

$$\bar{x}=\frac{1}{10}\times(50+49+48+49+51+50+50+48+49+48)=49.2$$

$$\begin{aligned}\sum\varDelta^2&=(50-49.2)^2+(49-49.2)^2+(48-49.2)^2+(49-49.2)^2+(51-49.2)^2\\&\quad+(50-49.2)^2+(50-49.2)^2+(48-49.2)^2+(49-49.2)^2+(48-49.2)^2\\&=0.64+0.04+1.44+0.04+3.24+0.64+0.64+1.44+0.04+1.44\\&=9.60\end{aligned}$$

算术平均值精确度为

$$E=\frac{1}{49.2}\sqrt{\frac{9.60}{10(10-1)}}=\pm0.66\%$$

稳定系数为

$$K_{\mathrm{p}}=\frac{51}{48}=1.06$$

查表 3.6 可知，观测次数满足要求。

3.2.3 测时数据的整理

测时数据的整理，一般可采用算术平均法。对测时数列中个别延续时间误差较大数值，在整理测时数据时可进行必要的清理，删去有明显错误及误差很大的数值。

在清理测时数列时，应首先去除完全由于人为因素影响而出现偏差的数据，人为因素包括工作时间闲谈、材料供应不及时造成的等候、测定人员记录时间的疏忽等；其次，应去除由于施工因素的影响而出现偏差极大的延续时间的数据，施工因素包括手压刨刨料碰到节疤极多的木板，挖土机挖土时，挖斗的边齿刮到大石块上等。此类误差大的数据还不能认为完全无用，可作为该项施工因素影响的资料进行专门研究。

清理误差较大的数据时，不能单凭主观想象，也不能预先规定偏差的百分比。为了妥善清理这些数据，可参照误差调整系数表（表 3.7）和误差极限算式进行。

表 3.7 误差调整系数表

观察次数	调整系数	观察次数	调整系数
5	1.3	11～15	0.9
6	1.2	16～30	0.8
7～8	1.1	31～53	0.7
9～10	1.0	53 以上	0.6

极限算式为

$$\lim_{max} = \bar{x} + K(t_{max} - t_{min})$$
$$\lim_{min} = \bar{x} - K(t_{max} - t_{min})$$

式中，$\lim_{max}$——最大极限；

$\lim_{min}$——最小极限；

$\bar{x}$——算术平均值；

K——调整系数（由表 3.7 查用）。

清理方法为：首先，从数列中删去由于人为因素的影响而出现的误差极大的数值；然后，根据保留下来的测时数列值，试抽去误差极大的可疑数值，参考表 3.7 和极限算式求出最大极限或最小极限；最后，再从数列中抽去最大或最小极限之外误差极大的可疑数值。

例如，表 3.4 中挂钩组成部分测时数列中的数值为 31、32、33、32、43、30、33、33、33、32，在这个数列中误差大的可疑数值为 43。根据上述方法，先抽去 43 这个数值，然后利用极限算式计算其最大极限。计算过程如下：

$$\bar{x} = \frac{31+32+33+32+30+33+33+33+32}{9} = 32.1$$

$$\begin{aligned}\lim_{max} &= \bar{x} + K(t_{max} - t_{min})\\ &= 32.1 + 1.0 \times (33-30)\\ &= 35.1\end{aligned}$$

由于 43>35.1，显然应该从数列中抽去可疑数值 43。因此，所求算术平均修正值为 32.1。

当一个测时数列中有两个误差大的可疑数值时，应从最大的一个数值开始连续校验（每次只能抽出一个数值）。测时数列中如果有两个以上可疑数值时，应予以抛弃，重新进行观测。

测时数列经过整理后，对保留下来的数值计算其算术平均值，填入测时记录表的算术平均值栏内，作为该组成部分在相应条件下所确定的延续时间。

测时记录表中的“时间总和”栏和“循环次数”栏，亦应按清理后的合计数填入。

3.3　写实记录法

写实记录法是技术测定的方法之一，该方法可以用来研究所有性质的工作时间消耗，包括基本工作时间、辅助工作时间、不可避免中断时间、准备与结束工作时间、休息时间及各种损失时间。

通过写实记录可以获得分析工作时间消耗和制定定额时所必需的全部资料。该方法比较简单，易于掌握，并能保证必要的精确度。因此，写实记录法在实际工作中得到广泛应用。

写实记录法分为个人写实记录和小组写实记录两种。由个人单独操作或产品数量可单独计算时，采用个人写实记录。如果由小组集体操作，而产品数量又无法单独计算时，可采用小组写实记录。

写实记录法记录时间的方法有数示法、图示法和混合法三种。计时工具采用带有秒针的普通计时表即可。

3.3.1　数示法

数示法是直接用数字记录时间的方法，这种方法可同时对两个以内的工人进行测定，适用于组成部分较少且比较稳定的施工过程。

数示法的填表方法如下。

1）将拟定好的所测施工过程的全部组成部分按其操作的先后顺序填写在表 3.8 第②栏中，并将各组成部分的编号依次填入第 1 栏内。

2）在第③栏中填写工作时间消耗的组成部分号次，其号次应根据第①、②栏的内容填写，测定一个填写一个。

3）在第④、⑤栏中，填写每个组成部分的起止时间。

4）第⑥栏应在观察结束之后填写，将某一组成部分的终止时间减去前一组成部分的终止时间即得到该组成部分的延续时间。

5）在第⑦、⑧栏中分别填入该组成部分的计量单位和产量。

6）在第⑨栏中填写有关说明和实际完成的总产量。

表 3.8 数示法写实记录表

观察者：

工程名称		开始时间		延续时间		调查号次	
施工单位		结束时间		记录时间		页次	
施工过程：双轮车运土方（运距 200m）						观察对象：李富强	

号次	组成部分名称	组成部分号次	起止时间		延续时间	完成产量		附注
			时-分	秒		计量单位	产量	
①	②	③	④	⑤	⑥	⑦	⑧	⑨
1	装土	×	8-20	0				
2	运输	1	22	50	2′50″	m^3	0.288	每次产量： V=每次容积 =1.2×0.6×0.4 =0.288（m^3/次） 共运 4 车 0.288×4=1.152（m^3） 注：按松土计算
3	卸土	2	26	0	3′10″	次	1	
4	空返	3	27	20	1′20″	m^3	0.288	
5	等候装土	4	30	0	2′40″	次	1	
6	喝水	5	31	40	1′40″			
		1	35	0	3′20″			
		2	38	30	3′30″			
		3	39	30	1′0″			
		4	42	0	2′30″			
		1	45	10	3′10″			
		2	47	30	2′20″			
		3	48	45	1′15″			
		4	51	30	2′45″			
		1	55	0	3′30″			
		2	58	0	3′0″			
		3	59	10	1′10″			
		4	9-02	05	2′55″			
		6	03	40	1′35″			
	小计				43′40″			

3.3.2 图示法

图示法是用表格画不同类型线条的方式来表示完成施工过程所需时间的方法，该方法适用于观察 3 个以内的工人共同完成某一产品的施工过程，与数示法相比具有记录时间简便、明了的优点。

图示法写实记录表的填写方法见表 3.9。

表 3.9　图示法写实记录表

工地名称	×××	开始时间	8:00	延续时间	1h	调查号次	
施工单位	×××	终止时间	9:00	记录日期	2023.7.5	页次	1
施工过程	砌1砖厚单面清水墙	观察对象	张××（四级工）、王××（三级工）				

号次	各组成部分名称	时间/min	时间小计/min	产品数量	附注
1	挂线	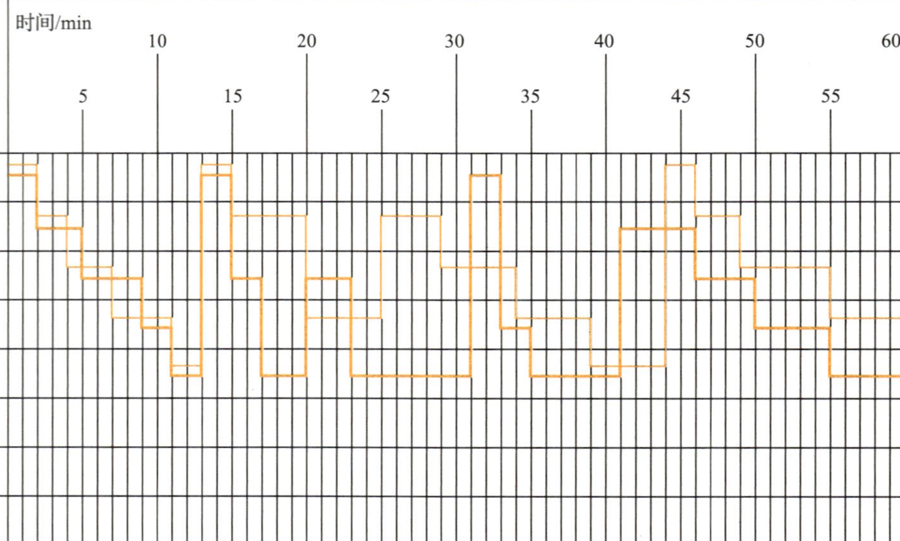	12		
2	铲灰浆		22		
3	铺灰浆		27		
4	摆砖、砍砖		28		
5	砌砖		31	0.48m^3	
		观察者：	合计 120		

表中划分为许多小格，每格为 1min，每张表可记录 1h 的时间消耗。为了记录方便，每 5 个小格和每 10 个小格都有长线和数字标记。

表中的号次和各组成部分名称栏内，按所测施工过程组成部分出现的先后顺序填写，以便记录时间的线段相连接。

记录时间时，用铅笔或有色笔在各组成部分相应的横行中画直线段，每个工人一条线，每一线段的始末端应与该组成部分的开始时间和终止时间相符合。工作 1min，直线段延伸一个小格。测定两个或两个以上的工人工作时，使用粗、细线段或不同颜色的笔画线段，以便区分各个工人的工作时间。当工人的操作由某组成部分转入另一组成部分时，时间线段亦应随时改变其位置，并通过在前一线段的末端画一垂直线与后一线段的始端相连接。

产品数量栏按各组成部分的计量单位和所完成的产量填写。

附注栏应简明扼要地说明影响因素和造成非定额时间产生的原因。

观察结束后，及时将每一组成部分所消耗的时间加总后填入时间小计栏。最后将各小计时间加总后填入合计栏内。

3.3.3 混合法

混合法写实记录时间是吸取了数示法和图示法的优点而设计的一种测时方法。该方法的特点是，用图示法表格记录施工过程各组成部分的延续时间，而完成每一组成部分的工人人数则用数字表示。

混合法适用于同时观察 3 个及 3 个以上工人工作时的集体写实记录。其优点是经济、简便。

混合法记录时间应采用混合法写实记录表，其填写示例见表 3.10。

表中号次栏、各组成部分名称栏中内容的填写方法与图示法相同。所测施工过程各组成部分的延续时间，用相应的直线段表示，完成该组成部分的工人人数用数字填写在该时间段的直线上，当某一组成部分的工人人数发生变化时，应立即将变动后的人数填在线段表示部位的变动处。

应该注意，当某一组成部分的工人人数发生变动时，必定会引起另一组成部分或数个组成部分中工人人数的变动。

因此，在观察过程中，应随时核对各组成部分在同一时间内的工人人数是否等于观察对象的总人数，如发现人数不符，应立即纠正。

采用混合法记录时间时，不论测定多少工人的工作时间，在所测施工过程各组成部分的时间栏内，只用一条直线表示。当工人由某组成部分转向另一组成部分时，不作垂直线连接。

产品数量和附注栏的填写方法同图示法。

对混合法写实记录表中的数据进行整理时，应将所测施工过程每一组成部分中各个线段的时间分别计算出来，即将工人人数与他们的工作时间相乘，然后将所得各值相加，求出某一组成部分的时间消耗小计，填入时间小计栏内。最后将各组成部分的时间小计加总后，填入合计栏内。

表 3.10　混合法写实记录表

观察对象：砖工 六级工1人、四级工1人、三级工3人		施工单位名称	日期	开始时间	终止时间	延续时间	页次
		×××	2023.7.7	8:00	9:00	1h	××
		工作过程名称：砌1砖厚标准砖墙					
号次	各组成部分名称	5　10　15　20　25　30　35　40　45　50　55	时间小计/min	产品数量	附注		
1	挂线	1　1　1　1　1　1	6	完成产品数量按半个工作班计算(8.45m^3)			
2	铲灰浆	1　1　1	6		ⓐ因运灰浆耽误的停工时间		
3	铺灰浆	1　1　1　1　1	40				
4	摆砖、砍砖	2　1　1　1　1　21　1　1　1　1	48				
5	砌砖	1　3　2　3　2　32　3231　2　3　212　3　23　23　2	115		ⓑ小组工人迟到5min		
6	工人转移	2　1　1　1　1　1　1　2　1　1　1　1　1	17				
7	休息	2　2　2　2　1	18				
8	施工本身停工	23　1　ⓐ	25				
9	违反劳动纪律	5　ⓑ	25				
		合计	300				

观察：　　　　复核：

3.4　工作日写实法

工作日写实法是对工人在整个工作日中的工时利用情况，按照时间消耗的顺序，进行实地观察、记录和分析研究的一种测定方法。该方法可以为制定人工定额提供必需的准备与结束工作时间、休息时间和不可避免的中断时间等资料。

工作日写实法的主要作用是：在详细调查工时利用情况的基础上，分析哪些时间消耗对生产是有效的，哪些时间消耗是无效的，进而找出工时损失的原因，拟定改进的技术和组织措施，消除引起工时损失的因素，促进劳动生产率的提高，同时为编制定额提供基础资料。

工作日写实法按写实的对象不同，可分为个人工作日写实、小组工作日写实和机械工作日写实。

小组工作日写实是测定一个小组的工人在工作日内的工时消耗，可以是相同工种的工人，也可以是不同工种的工人。前者是为了取得同工种工人的工时消耗资料，后者是为了取得小组定额和改善劳动组织的资料。机械工作日写实用于测定某一机械在一个台班内机械效能发挥的程度，以及检验配合工作的劳动组织是否合理，其目的在于最大限度地发挥机械的效能。

3.4.1　工作日写实法的基本要求

1. 因素登记

由于工作日写实主要研究工时利用和损失时间，不按工序研究基本工作时间和辅助工作时间的消耗。因此，在填写因素登记表时，应对施工过程的组织和技术进行简单说明。

2. 时间记录

个人工作日写实采用图示法记录时间；小组工作日写实采用混合法记录时间；机械工作日写实采用混合法或数示法记录时间。

3. 延续时间

工作日写实法以一个工作日为准，当完成产品的时间消耗大于8h时，则应酌情延长观察时间。

4. 观察次数

工作日写实法的观察次数，应根据不同的目的、要求确定。一般来说，如为了总结先进工人的工时利用经验，应测定 1～2 次；为了掌握工时利用情况或制定定额，应测定 3～5 次；为了分析造成损失时间的原因，改进施工管理，应测定 1～3 次。这样，才能取得所需的、有价值的资料。

3.4.2 工作日写实记录结果的整理

工作日写实记录的结果，采用专门的工作日写实结果表（表 3.11）和工作日写实结果汇总表（表 3.12）进行整理。

表 3.11　工作日写实结果表

<table>
<tr><td colspan="2">施工单位名称</td><td>测定日期</td><td>延续时间</td><td colspan="2">调查号次</td><td>页次</td></tr>
<tr><td colspan="2"></td><td></td><td>8h30min</td><td colspan="2">1</td><td>2</td></tr>
<tr><td colspan="2">施工过程名称</td><td colspan="5">钢筋混凝土直形墙模板安装</td></tr>
<tr><td colspan="7">工时消耗表</td></tr>
<tr><td>序号</td><td colspan="2">工时消耗分类</td><td>时间消耗/min</td><td>百分比</td><td colspan="2">施工过程中的问题与建议</td></tr>
<tr><td></td><td colspan="2">I. 定额时间</td><td></td><td></td><td colspan="2"></td></tr>
<tr><td>1</td><td colspan="2">基本工作时间：适用于技术水平的</td><td>1128</td><td>73.73</td><td colspan="2" rowspan="22">本资料造成非定额时间的原因主要是：
1. 劳动组织不合理，开始1h由3人操作，后7.50h由4人操作，在实际工作中经常出现一人等工的现象。
2. 等材料，工作领料时未找到材料员而造成等工。
3. 产品不符合质量要求返工，由于技术要求不详细、准确，工人对产品规格要求也未真正理解，造成返工。
4. 违反劳动纪律，主要是上班迟到和工作时间闲聊。
建议：
切实加强施工管理工作，班前要认真做好技术交底；职能人员要坚守工作岗位，保证材料及时供应，并应预先办好领料手续，提前领料；科学地按定额规定安排劳动力；加强劳动纪律教育，按时上班，工作时集中注意力。
经认真改善后，劳动效率可提高26%左右</td></tr>
<tr><td>2</td><td colspan="2">不适用于技术水平的</td><td>—</td><td>—</td></tr>
<tr><td>3</td><td colspan="2">辅助工作时间</td><td>51</td><td>3.33</td></tr>
<tr><td>4</td><td colspan="2">准备与结束时间</td><td>16</td><td>1.05</td></tr>
<tr><td>5</td><td colspan="2">休息时间</td><td>11</td><td>0.72</td></tr>
<tr><td>6</td><td colspan="2">不可避免的中断时间</td><td>8</td><td>0.52</td></tr>
<tr><td>7</td><td colspan="2">合计</td><td>1214</td><td>79.35</td></tr>
<tr><td></td><td colspan="2">II. 非定额时间</td><td></td><td></td></tr>
<tr><td>8</td><td colspan="2">由于劳动组织的不合理而停工</td><td>18</td><td>1.18</td></tr>
<tr><td>9</td><td colspan="2">由于缺乏材料而停工</td><td>104</td><td>6.80</td></tr>
<tr><td>10</td><td colspan="2">由于工作地点未准备好而停工</td><td>—</td><td>—</td></tr>
<tr><td>11</td><td colspan="2">由于机具设备运行不正常而停工</td><td>—</td><td>—</td></tr>
<tr><td>12</td><td colspan="2">产品质量不符合要求导致返工</td><td>128</td><td>8.36</td></tr>
<tr><td>13</td><td colspan="2">偶然停工（包括停电、停水、暴风雨）</td><td>—</td><td>—</td></tr>
<tr><td>14</td><td colspan="2">违反劳动纪律</td><td>66</td><td>4.31</td></tr>
<tr><td>15</td><td colspan="2">其他损失时间</td><td>—</td><td>—</td></tr>
<tr><td>16</td><td colspan="2">合计</td><td>316</td><td>20.65</td></tr>
<tr><td>17</td><td colspan="2">时间消耗总计</td><td>1530</td><td>100.00</td></tr>
<tr><td colspan="5">完成定额情况</td></tr>
<tr><td colspan="2">定额编号</td><td>8-4-45</td><td>完成产品数量</td><td>53.15m²</td></tr>
<tr><td colspan="2" rowspan="2">定额工时</td><td>单位</td><td colspan="2">0.51 工日/10m²</td></tr>
<tr><td>总计</td><td colspan="2">2.71 工日</td></tr>
<tr><td colspan="2">完成定额情况</td><td colspan="3">实际：$\frac{2.71\times8\times60}{1530}\times100\%=85.02\%$
可能：$\frac{2.71\times8\times60}{1214}\times100\%=107.15\%$</td></tr>
</table>

表 3.12　工作日写实结果汇总表

<table>
<tr><td colspan="2">施工单位名称</td><td colspan="2"></td><td colspan="2">工种</td><td colspan="2">木工</td></tr>
<tr><td colspan="2">测定日期</td><td></td><td></td><td></td><td></td><td rowspan="5">加权平均值</td><td rowspan="5">备注</td></tr>
<tr><td colspan="2">延续时间</td><td>8.5h</td><td>8h</td><td>8h</td><td>8h</td></tr>
<tr><td colspan="2">工作名称</td><td>安装墙模板</td><td>安装基础模板</td><td>安装杯形基础模板</td><td>安装杯形基础模板</td></tr>
<tr><td colspan="2">班（组）长姓名</td><td>赵××</td><td>潘××</td><td>朱××</td><td>李××</td></tr>
<tr><td colspan="2">班（组）人数</td><td>3 人</td><td>2 人</td><td>3 人</td><td>4 人</td></tr>
<tr><td>序号</td><td>工时消耗分类</td><td colspan="4">时间消耗百分比</td><td></td><td></td></tr>
<tr><td></td><td>I. 定额时间</td><td></td><td></td><td></td><td></td><td></td><td></td></tr>
<tr><td>1</td><td>基本工作时间：适用于技术水平的</td><td>73.73</td><td>75.91</td><td>62.80</td><td>91.22</td><td>77.19</td><td></td></tr>
<tr><td>2</td><td>不适用于技术水平的</td><td>—</td><td>—</td><td>—</td><td>—</td><td>—</td><td></td></tr>
<tr><td>3</td><td>辅助工作时间</td><td>3.33</td><td>1.88</td><td>2.35</td><td>1.48</td><td>2.23</td><td></td></tr>
<tr><td>4</td><td>准备与结束时间</td><td>1.05</td><td>1.90</td><td>2.60</td><td>0.56</td><td>1.42</td><td></td></tr>
<tr><td>5</td><td>休息时间</td><td>0.72</td><td>3.77</td><td>2.98</td><td>4.18</td><td>2.95</td><td></td></tr>
<tr><td>6</td><td>不可避免的中断时间</td><td>0.52</td><td>—</td><td>—</td><td>—</td><td>0.12</td><td></td></tr>
<tr><td>7</td><td>合计</td><td>79.35</td><td>83.46</td><td>70.73</td><td>97.44</td><td>83.91</td><td></td></tr>
<tr><td></td><td>II. 非定额时间</td><td></td><td></td><td></td><td></td><td></td><td></td></tr>
<tr><td>8</td><td>由于劳动组织的不合理而停工</td><td>1.18</td><td>7.74</td><td>—</td><td>—</td><td>1.59</td><td></td></tr>
<tr><td>9</td><td>由于缺乏材料而停工</td><td>6.80</td><td>—</td><td>12.40</td><td>—</td><td>4.80</td><td></td></tr>
<tr><td>10</td><td>由于工作地点未准备好而停工</td><td>—</td><td>3.52</td><td>5.91</td><td>—</td><td>2.06</td><td></td></tr>
<tr><td>11</td><td>由于机具设备运行不正常而停工</td><td>—</td><td>—</td><td>—</td><td>—</td><td>—</td><td></td></tr>
<tr><td>12</td><td>偶然停工（停电、停水、暴风雨）</td><td>—</td><td>—</td><td>3.24</td><td></td><td>0.81</td><td></td></tr>
<tr><td>13</td><td>产品质量不符合要求导致返工</td><td>8.36</td><td>5.28</td><td>—</td><td>1.60</td><td>3.50</td><td></td></tr>
<tr><td>14</td><td>违反劳动纪律</td><td>4.31</td><td>—</td><td>7.72</td><td>0.96</td><td>3.33</td><td></td></tr>
<tr><td>15</td><td>其他损失时间</td><td>—</td><td>—</td><td>—</td><td>—</td><td>—</td><td></td></tr>
<tr><td>16</td><td>合计</td><td>20.65</td><td>16.54</td><td>29.27</td><td>2.56</td><td>16.09</td><td></td></tr>
<tr><td>17</td><td>消费时间总计</td><td>100.00</td><td>100.00</td><td>100.00</td><td>100.00</td><td>100.00</td><td></td></tr>
<tr><td rowspan="2">完成定额百分比</td><td>实际（包括损失）</td><td>85.02</td><td>112</td><td>84</td><td>123</td><td>101.92</td><td></td></tr>
<tr><td>可能（不包括损失）</td><td>107.15</td><td>129</td><td>118</td><td>126</td><td>119.79</td><td></td></tr>
</table>

表 3.11 中工时消耗分类栏，按定额时间和非定额时间分类预先印好。施工过程中的问题与建议栏，应根据工作日写实记录资料，分析造成非定额时间的有关因素，提出切实可行的技术与组织措施建议。在研究和拟定具体措施时，要注意听取有关技术人员、施工管理人员和工人的意见，尽可能使改进意见符合客观实际情况。

工作日写实结果表的主要内容填写步骤如下。

1）根据观测资料将定额时间和非定额时间的消耗（以 min 为单位）填入时间消耗栏内，并分别进行合计和总计。

2）根据各定额时间和非定额时间的消耗量和时间总消耗分别计算各部分的百分比。

3）将工作日内完成产品的数量进行统计后，填入表中的完成产品数量栏内。

4）查询人工定额编号和内容，将定额工时消耗量填入定额工时的单位栏内。

5）根据完成产品数量和定额的单位用量计算总工时消耗量。

6）根据定额总工时消耗量和实际工时消耗量计量完成定额情况。

7）将施工过程中的问题与建议填入表内。

表 3.12 中加权平均值的计算式为

$$\bar{x}=\frac{\sum R\cdot P}{\sum R}$$

式中，$\bar{x}$——加权平均值；

R——各工作日写实结果表中的人数；

P——各类工时消耗百分比。

【例 3.2】 表 3.12 中，各工作日写实结果汇总中的人数分别为 3 人、2 人、3 人、4 人，基本工作时间消耗的百分率为 73.73%、75.91%、62.80%、91.22%，求加权平均百分率。

解：

$$\begin{aligned}\bar{x}&=\frac{\sum R\cdot P}{\sum R}\\&=\frac{3\times 73.73+2\times 75.91+3\times 62.80+4\times 91.22}{3+2+3+4}\\&=77.19\%\end{aligned}$$

3.5　简易测定法

所谓简易测定法，就是对前述几种测定方法予以简化，但仍然保持现场实地观察记录的基本原则。它的特点是：方法简便，易于掌握，花费人力少。该方法主要用于掌握某工种的定额完成情况，制定企业补充定额时经常采用。简易测定法的不足之处是精确度较低。

3.5.1　时间记录

简易测定法采用混合法表格的格式记录时间消耗（表 3.13）。该表中，每一小格为 15min，每一横行可记录 10h。每张表可以对同一施工过程测 3～4 次。

表 3.13 简易测定法记录表

日期	调查号次	延续时间	施工过程名称	小组成员	工时类别	8:00	9:00	10:00	11:00	12:00	13:00	14:00	15:00	16:00	17:00	18:00	总计（工时）	单位	完成产品数量
施工单位名称：×××			工程名称：手工木作工程	工种：木工	工作队（小组）长姓名及技术情况：×××，一般													页次：1	
×××	1	6h 15min	窗框安装（周长6m以内）	五级工—1			2			1 2		2 1	2 1	2 1 2			10.25	樘	25
				四级工—1					2	1		1	1	1			2.25		
×××	2	7h 30min	同上	五级工—1		2			2	1		2		1 2	1		12.25	樘	28
				四级工—1				2		1				2 1	1		2.75		
×××	3	6h 30min	同上	五级工—1			2	2				2		2	1		10.5	樘	23
				四级工—1				2					2		1		2.5		

消耗工时（每一小格为15min）

3.5.2　简易测定结果汇总

简易测定结果汇总表（表 3.14）的填写方法如下。

1）表中施工日期、劳动组织、完成产品数量、工时消耗等栏，均按简易测定记录表中的内容填写。

2）工时消耗栏中，包括损失的消耗是指两个工人消耗的全部时间，不包括损失的消耗是指简易测定记录表中总计工时消耗。

3）单位产品所需时间栏中，实际时间根据“包括损失”时间除以产品数量求得；可能时间根据“不包括损失”时间除以产品数量求得，“现行定额”通过查询劳动定额“16-3-54”中的数据取得。

4）单位产品内所需时间栏内，“实际”时间$=(0.624+0.671+0.709)\div 3=0.668$，“可能”时间$=(0.500+0.536+0.565)\div 3=0.534$。

5）完成定额情况栏中，“实际”百分比$=0.769\div 0.668=115.12\%$，“可能”百分比$=0.769\div 0.534=144.01\%$。

6）工人讨论意见栏是根据工人讨论提出具体意见，并与现行定额比较后确定的数值。

7）表下部的说明，主要是完成定额情况对比中有关工作内容及附加说明、工人讨论提高或降低定额水平的原因、测定人员对本资料的评价等。

因素说明如下。

1）本资料包括摆放定位、吊正、找平、固定支撑等工作内容，不包括钉护口条。

2）手工操作采用一般工具。

3）实行计件工资制，劳动态度端正。

4）质量符合要求。

5）损失时间主要是指做与工作无关的事和闲谈的时间。

表 3.14　简易测定结果汇总表

<table>
<tr><td colspan="2" rowspan="2">项目名称</td><td colspan="3" rowspan="2">窗框安装（6m 以内）</td><td>计量单位</td><td colspan="2">定额编号</td></tr>
<tr><td>10 樘</td><td colspan="2">16-3-54</td></tr>
<tr><td colspan="2">施工日期</td><td></td><td></td><td></td><td colspan="3">结论</td></tr>
<tr><td colspan="2">劳动组织</td><td>五级工—1
四级工—1</td><td>五级工—1
四级工—1</td><td>五级工—1
四级工—1</td><td colspan="2">调查次数</td><td>3</td></tr>
<tr><td colspan="2">完成产品数量</td><td>2.5</td><td>2.8</td><td>2.3</td><td rowspan="2">单位产品内所需时间/工日</td><td>实际</td><td>0.668</td></tr>
<tr><td rowspan="2">工时消耗/工日</td><td>包括损失</td><td>1.56</td><td>1.88</td><td>1.63</td><td>可能</td><td>0.534</td></tr>
<tr><td>不包括损失</td><td>1.25</td><td>1.50</td><td>1.30</td><td rowspan="2">完成定额情况/%</td><td>实际</td><td>115.12</td></tr>
<tr><td rowspan="3">单位产品所需时间/工日</td><td>实际（包括损失）</td><td>0.624</td><td>0.671</td><td>0.709</td><td>可能</td><td>144.01</td></tr>
<tr><td>可能（不包括损失）</td><td>0.500</td><td>0.536</td><td>0.565</td><td colspan="2">工人讨论意见/工日</td><td>0.769</td></tr>
<tr><td>现行定额</td><td colspan="3">0.769</td><td colspan="2">比现行定额提高或降低%</td><td>±0</td></tr>
<tr><td colspan="8">说明：现行定额中包括钉护口条（不钉者不减工），但本资料工作内容中未钉护口条，超额幅度较大，所以工人在讨论中认为，现行定额水平比较符合实际，若不钉护口条，可适当减工</td></tr>
</table>

制表者：

3.6　提升与导学

3.6.1　提升

1. 技术定额的由来

用技术测定法编制的定额叫技术定额。

20 世纪 50 年代初，我国引进了苏联的预算定额管理体制、编制原理及编制方法。引进的《建筑工程技术定额原理》一书的封面见图 3.1。

图 3.1　《建筑工程技术定额原理》封面

2. 施工过程与工作时间划分是为了取得定额测定数据

科学划分施工过程和工作时间是科学测定定额数据的前提条件，所以一定要掌握好该方法。

采用技术测定法首先要获取两种数据，一种是完成产品的工作时间，另一种是该工作时间内完成产品的数量。然后根据获得的数据计算单位时间内完成产品的产量（产量定额，如 m^3/工日），或者计算完成单位产品所需的时间（时间定额，如工日/m^3）。

3. 技术测定手段与方法越来越先进

20 世纪 50 年代技术测定使用的工具主要是机械秒表（图 3.2）和手摇机械计算机（图 3.3）。机械秒表用于记录工作时间，手摇机械计算机用于计算和分析定额时间。

图 3.2　机械秒表

图 3.3　手摇机械计算机

20 世纪 70～90 年代主要使用的技术测定工具是电子秒表（图 3.4）、电子计算器（图 3.5）、照相机和摄像机（图 3.6）。照相机和摄像机的图片和影像用于确定定额内的工作时间。

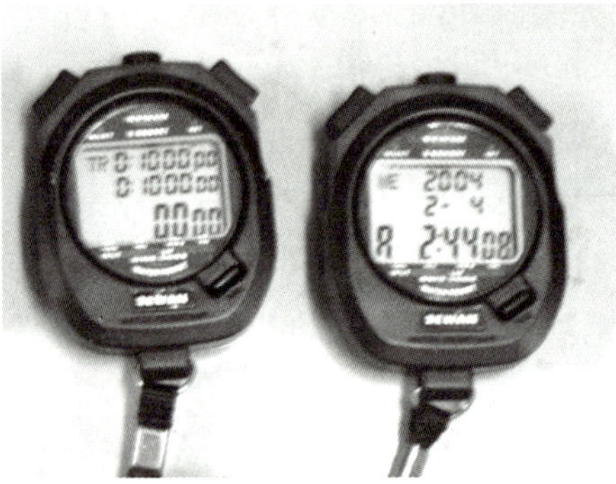

图 3.4　电子秒表

图 3.5　电子计算器

图 3.6　照相机和摄像机

21 世纪技术测定使用的工具，如 Kinect 人工智能摄像机（图 3.7），具有立体视觉，能结合计算机编程感知外部环境。

通过 Kinect 可获取工人劳动操作的深度信息、判断工人的工作位置、记录骨骼节点运动轨迹（图 3.8），将获得的人体不同肢体动作图像转换为数字化信息，然后应用计算机程序（图 3.9）分析定额时间，并计算出定额时间和产品数量。

Kinect 是技术测定人工定额数据、编制技术定额的现代化、智能化工具。

图 3.7 Kinect 人工智能摄像机

图 3.8 采用 Kinect 记录骨骼节点运动轨迹

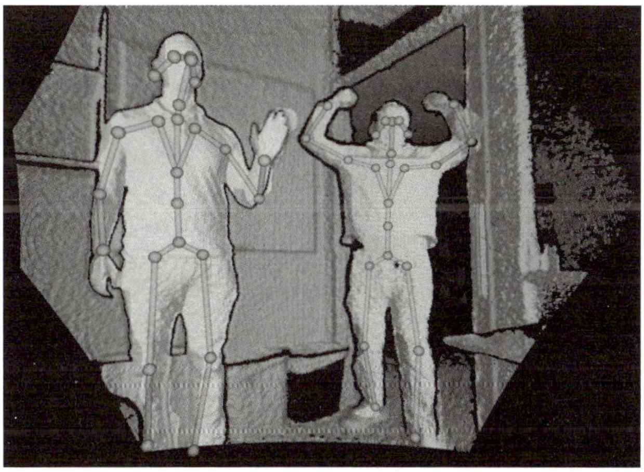

图 3.9 计算机程序处理人体骨骼节点运动数据

3.6.2 导学

1. 客观记录时间是获取定额数据的最佳方法

客观记录时间是反映时代劳动者技能、当代技术装备和劳动对象水平、获取定额时间的科学方法。

2. 拟定正常工作环境是技术测定的前提条件

定额时间往往是反映具有代表性的典型工作时间，典型工作时间必须在正常工作环境下获取。拟定正常的工作环境是测定定额时间的重要基础，也是获取典型定额时间的前提条件。所以，需要对测定对象的环境进行事先梳理，排除各种影响因素。

3. 工序确认是技术测定的重要环节

不论是测定前还是测定后，都需要对测定对象的工序进行确认。测定前排除多余的动作，测定后扣除不必要的时间。对工序进行确认是技术测定法的重要环节。

4. 须做好班组工人的思想工作

对班组工人要充分说明测定定额的目的和意义。人是定额管理工作的最重要因素，记录好工作时间和完成产品的数量，是提高劳动生产率，推进企业发展的必要举措，是总结和推广先进生产者工作方法的科学手段，是促进现代化大生产的基础。只有充分认识到这些，才能发挥班组工人的工作热情和主动性，才能取得平均先进水平的定额数据。

5. 运用概率统计方法整理与分析定额数据的重要性

概率统计方法是确定定额数据的科学方法。运用该方法可以剔除由于各种影响因素导致的不正常时间；可以确定记录时间的次数，以满足获取定额数据的要求；可以判断记录数据的误差值等。

6. 技术测定法中各方法之间的关系及应用

技术测定法中各方法之间的关系及应用见图 3.10。

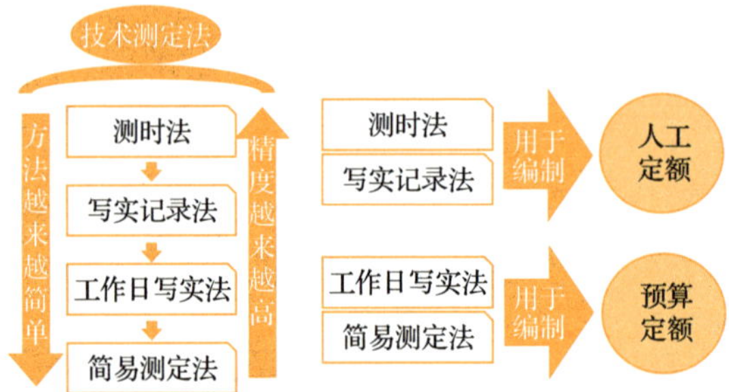

图 3.10　技术测定法中各方法之间的关系及应用

由于测时法和写实记录法是以工序为对象测定和记录的工作时间，所以运用这两种方法获得的数据适用于编制人工定额；运用其他两种方法获得的数据比较适用于编制预算定额。

练　习　题

一、单选题

1. 砌标准砖项目的定额单位是（　　）。

　A. m^2　　B. m^3　　C. km　　D. m

2. 水泥砂浆抹墙面的定额单位是（　　）。

A. m^2　B. m^3　C. km　D. m

3. 连续测时法又称（　　）。

A. 连贯测时法　B. 不间断测时法

C. 连环测时法　D. 接续测时法

4. 测时数据的整理一般可采用（　　）。

A. 加权平均法　B. 逐条平均法

C. 算术平均法　D. 重点平均法

5. 图示法适用于观察（　　）。

A. 1 个工人完成某一产品的施工过程

B. 2 个以内的工人共同完成某一产品的施工过程

C. 3 个以内的工人共同完成某一产品的施工过程

D. 4 个以内的工人共同完成某一产品的施工过程

6. 混合法适用于同时观察（　　）。

A. 1 个以上工人工作时的小组写实记录

B. 2 个以上工人工作时的小组写实记录

C. 3 个以上工人工作时的小组写实记录

D. 4 个以上工人工作时的小组写实记录

7. 制定企业补充定额时经常采用（　　）。

A. 测时法　B. 图示法

C. 简易测定法　D. 工作日写实法

二、多选题

1. 技术测定的准备工作一般包括以下的（　　）。

A. 明确测定目的和正确选择测定对象

B. 熟悉施工过程

C. 划分施工过程的组成部分

D. 测定工具的准备

E. 测定表格的准备

2. 测时法包括（　　）。

A. 间断测时法　B. 循环测时法

C. 记录测时法　D. 连续测时法

E. 选择测时法

3. 写实记录法是用来研究所有性质的工作时间消耗，包括（　　）。

A. 基本工作时间　B. 辅助工作时间

C. 偶然工作时间　D. 不可避免的中断时间

E. 休息时间

4. 写实记录法分为（　　）。
A. 个人写实记录　B. 小组写实记录
C. 讨论写实记录　D. 客观写实记录
E. 小组写实记录
5. 写实记录法记录时间的方法有（　　）。
A. 数示法　B. 记录法　C. 图示法　D. 统计法
E. 混合法
6. 选择测时法时，（　　）。
A. 观测精度较高　B. 观测技术比较复杂
C. 观测精度一般　D. 观测技术很复杂
E. 观测精度最高
7. 写实记录法的优点有（　　）。
A. 方便记录　B. 可以记录多人
C. 能保证必要的精确度　D. 易于掌握
E. 方法比较简单
8. 工作日写实法按写实的对象不同可分为（　　）。
A. 个人工作日写实　B. 小组工作日写实
C. 机械工作日写实　D. 混合工作日写实
E. 半工作日写实
9. 工作日写实法的基本要求包括（　　）。
A. 因素登记　B. 时间记录　C. 延续时间　D. 观察次数
E. 统计分析

三、简述题

1. 什么是技术测定法？
2. 简述技术测定法的作用。
3. 什么是定时点？
4. 什么是测时法？
5. 什么是写实记录法？
6. 什么是数示法？
7. 什么是图示法？
8. 什么是混合法？
9. 简述工作日写实法的概念、分类及用途。
10. 简述工作日写实结果表的主要内容填写步骤。

单元4

理论计算法

知识点：

熟悉砌体材料用量计算方法、装饰块料用量计算方法、半成品配合比用量计算方法。

技能点：

会计算标准砖基础材料用量、砌块墙材料用量、矩形标准砖柱砖与砂浆用量、墙（地）面砖材料用量、水泥浆配合比用量。

课程思政：

屠呦呦是中国首位获得诺贝尔生理学或医学奖的科学家。她是中国中医科学院中药研究所优秀共产党员的杰出代表，2015年获诺贝尔生理学或医学奖，同年获美国华伦·阿尔波特奖，2017年获2016年度国家最高科学技术奖，2018年获改革先锋称号，2019年被授予“共和国勋章”。多年来，她全身心投入到严重危害人类健康的世界性流行疾病疟疾的防治研究工作中，默默耕耘、无私奉献，为人类健康事业作出了巨大贡献。作为新时代职业院校学生，同学们也应立足专业，开拓进取，掌握过硬本领，立志成为大国工匠，在未来，为行业和国家作出贡献。

4.1 砌体材料用量计算

4.1.1 标准砖墙体材料用量计算

标准砖墙体材料用量计算包括标准砖用量和砌筑砂浆用量计算。

1. 墙体标准砖用量计算

（1）计算公式

$$每立方米墙体标准砖净用量（块）=\frac{2\times 墙厚的砖数}{墙厚\times(砖长+灰缝厚)\times(砖厚+灰缝厚)}$$

由于标准砖尺寸为 240mm×115mm×53mm，当灰缝厚取为 10mm 时，上式可以写成：

$$每立方米墙体标准砖净用量（块）=\frac{2\times 墙厚的砖数}{墙厚\times(0.24+0.01)\times(0.053+0.01)}$$

（2）计算公式解读

第一步，公式中分母“墙厚×0.25×0.063”的含义，表达了在砌体中包含灰缝的、具有代表性的“标准块”体积，240mm 厚砖墙的标准砖块示意图见图 4.1。所谓标准块是指，该砌体可以用标准砖砌成。

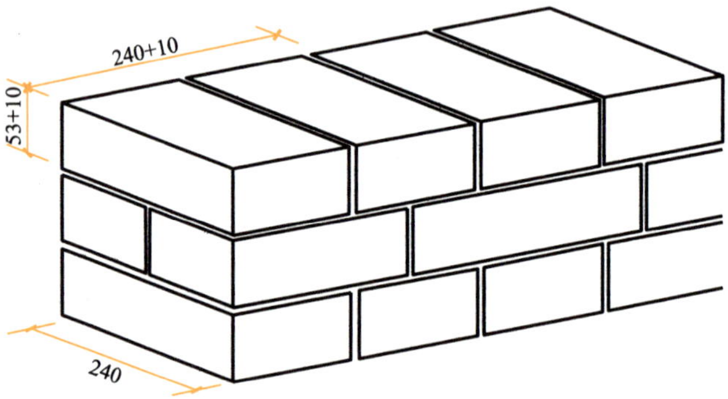

图 4.1　240mm 厚砖墙的标准砖块示意图（单位：mm）

第二步，确定 $1m^3$ 砌体有多少这样的标准块，计算方法是：$\frac{1}{墙厚\times 0.25\times 0.063}$。

第三步，确定每个标准块中有几块标准砖。墙厚不同时，每个标准块中标准砖的数量不同，常见墙厚的标准块中标准砖数量见表4.1。

表 4.1　常见墙厚的标准块中标准砖数量

墙厚/mm	115	180	240	365	490
标准块中标准砖数量	1	1.5	2	3	4

例如，当墙厚为 240mm 时，每个标准块的标准砖数量为 2 块，则每立方米砌体中标准砖数量为

$$\frac{1}{墙厚\times 0.25\times 0.063}\times 标准块中标准砖的数量=\frac{1}{0.24\times 0.25\times 0.063}\times 2=529.1（块/m^3）$$

第四步，通过分析可知，不同墙厚标准块中标准砖的数量与标准砖的长度有关，也就是说，可以用标准砖的长度来表达墙厚。例如，115mm 厚砖墙的墙厚是标准砖的长度的一半，称为半砖墙；180mm 厚砖墙的墙厚为标准砖长度的 $\frac{3}{4}$，称为 $\frac{3}{4}$ 砖墙；240mm 厚砖墙的墙厚是一个标准砖长度，称为一砖墙，诸如此类。

用砖长来表示墙厚，将不同墙厚的标准块中标准砖的数量表达为墙厚的砖数，其对应关系见表4.2。

表 4.2　墙厚的砖数表达说明表

墙厚/mm	115	180	240	365	490
墙厚的砖数	0.5	0.75	1.0	1.5	2.0
标准块中标准砖数量（墙厚的砖数×2）	1.0	1.5	2.0	3.0	4.0

$$\text{每立方米墙体标准砖净用量（块）}=\frac{1}{\text{墙厚}\times0.25\times0.063}\times\text{标准块中标准砖数量}$$
$$=\frac{1}{\text{墙厚}\times0.25\times0.063}\times2\times\text{墙厚的砖数}$$
$$=\frac{2\times\text{墙厚的砖数}}{\text{墙厚}\times0.25\times0.063}$$

（3）计算实例

【例4.1】 计算 $1m^3$ 365mm 厚标准砖墙的砖净用量（灰缝为 10mm）。

解：

$$\text{每立方米一砖半厚墙体标准砖净用量}=\frac{2\times1.5}{0.365\times0.25\times0.063}$$
$$=521.9\text{（块）}$$

2. 标准砖墙砌筑砂浆用量计算

（1）计算公式

每立方米标准砖墙砌筑砂浆净用量（m^3）

$=1m^3$ 砌体$-1m^3$ 砌体标准砖净体积

$=1-0.24\times0.115\times0.053\times$标准砖数量

$=1-0.0014628\times$标准砖数量

（2）计算实例

【例 4.2】 分别计算 490mm 厚砖墙标准砖和砌筑砂浆净用量。

解：

$$\text{每立方米 490mm 厚墙体标准砖净用量}=\frac{2\times2}{0.490\times0.25\times0.063}$$
$$=518.3\text{（块）}$$

每立方米 490mm 厚标准墙砌筑砂浆净用量$=1m^3$ 砌体$-1m^3$ 砌体标准砖净体积

$=1-0.24\times0.115\times0.053\times518.3$

$=0.242$（m^3）

4.1.2　砌块墙材料用量计算

砌块墙材料用量计算包括砌块用量和砌筑砂浆用量计算。

1. 墙体砌块用量计算

（1）计算公式

$$\text{每立方米墙体砌块净用量（块）}=\frac{\text{标准块中砌块用量}}{\text{标准块(含灰缝)的体积}}=\frac{\text{标准块中砌块用量}}{\text{墙厚}\times(\text{砌块长}+\text{灰缝厚})\times(\text{砌块厚}+\text{灰缝厚})}$$

（2）计算公式解读

第一步，变换上述公式。

$$\begin{aligned}&\text{每立方米墙体砌块净用量（块）}\\&=\frac{\text{标准块中砌块用量}}{\text{墙厚}\times(\text{砌块长}+\text{灰缝厚})\times(\text{砌块厚}+\text{灰缝厚})}\\&=\frac{1}{\text{墙厚}\times(\text{砌块长}+\text{灰缝厚})\times(\text{砌块厚}+\text{灰缝厚})}\times\text{标准块中砌块用量}\end{aligned}$$

第二步，分母“墙厚×(砌块长+灰缝厚)×(砌块厚+灰缝厚)”是构成墙体具有代表性的体积，即标准块体积。

第三步，“$\frac{1}{\text{墙厚}\times(\text{砌块长}+\text{灰缝厚})\times(\text{砌块厚}+\text{灰缝厚})}$”的含义是指，$1m^3$ 墙体中有多少个标准块。

第四步，求出 $1m^3$ 墙体中有多少个标准块，再乘以每块标准块的砌块用量，就得出 $1m^3$ 墙体中砌块的总用量。

（3）计算实例

【例 4.3】 计算砌块尺寸为 390mm×190mm×190mm，墙厚为 190mm 的混凝土空心砌块墙的砌块净用量（灰缝厚为 10mm）。

解：

$$\begin{aligned}&\text{每立方米墙体砌块净用量}\\&=\frac{\text{标准块中砌块用量}}{\text{墙厚}\times(\text{砌块长}+\text{灰缝厚})\times(\text{砌块厚}+\text{灰缝厚})}\\&=\frac{1}{\text{墙厚}\times(\text{砌块长}+\text{灰缝厚})\times(\text{砌块厚}+\text{灰缝厚})}\times\text{标准块中砌块用量}\\&=\frac{1}{0.19\times(0.39+0.01)\times(0.19+0.01)}\times1\\&=65.8\text{（块）}\end{aligned}$$

2. 砌块墙中的砌筑砂浆用量

（1）计算公式

每立方米砌块墙砌筑砂浆净用量=$1m^3$ 砌体−$1m^3$ 砌体中砌块净用量体积

（2）计算实例

【例 4.4】 根据例 4.3 有关数据，计算每立方米 190mm 厚砌块墙砌筑砂浆净用量。

解：

每立方米 190mm 厚砌块墙砌筑砂浆净用量 $=1-0.39\times0.19\times0.19\times65.8=0.074$（$m^3$）

4.1.3　标准砖基础的材料用量计算

以等高式放脚基础标准砖用量计算为例。

等高式放脚基础标准砖用量计算的约定如下：砖基础只包括从最上面一层放脚上表面至最下一层放脚下表面的体积，见图 4.2；每层放脚的放出宽度为 62.5mm，每层放脚的高度为 126mm；砖基础灰缝为 10mm。

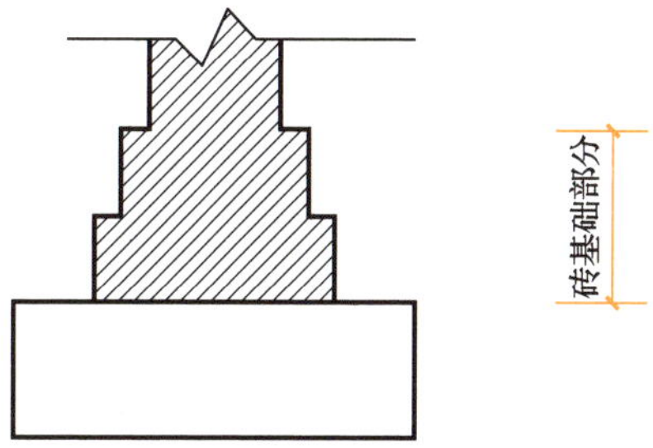

图 4.2　砖基础示意图

（1）计算公式

$$\text{每立方米砖基础标准砖净用量（块）}$$
$$=\frac{\left(\text{墙厚的砖数}\times2\times\text{层数}+\sum\text{放脚层数值}\right)\times2}{\left(\text{墙厚}\times\text{放脚层数}+\text{放脚宽}\times2\times\sum\text{放脚层数值}\right)\times\text{放脚层高}\times(\text{砖长}+\text{灰缝厚})}$$
$$=\frac{\left(\text{墙厚的砖数}\times2\times\text{层数}+\sum\text{放脚层数值}\right)\times2}{\left(\text{墙厚}\times\text{放脚层数}+0.0625\times2\times\sum\text{放脚层数值}\right)\times0.126\times0.25}$$

每立方米砖基础标准砖净用量计算的总体思路与墙体标准砖净用量的思路基本相同，即计算式中分母的含义为等高式放脚基础标准块的体积；分子的含义为基础标准块中的标准砖的用量。

因此，只需要先计算每立方米砖基础中有多少个标准块，然后再乘以每个标准块中标准砖的数量，就可以得到每立方米砖基础标准砖的净用量。

（2）计算实例

【例 4.5】 某标准砖基础，基础墙厚 115mm，有二层等高式放脚，试计算该基础每立方米标准砖净用量。

解：

$$
\begin{aligned}
&\text{每立方米砖基础标准砖用量}\\
&=\frac{\left(\text{墙厚的砖数}\times 2\times\text{层数}+\sum\text{放脚层数值}\right)\times 2}{\left(\text{墙厚}\times\text{放脚层数}+0.0625\times 2\times\sum\text{放脚层数值}\right)\times 0.126\times 0.25}\\
&=\frac{(0.5\times 2\times 2+3)\times 2}{(0.115\times 2+0.0625\times 2\times 3)\times 0.126\times 0.25}\\
&=\frac{10}{0.0190575}\\
&=524.73\text{（块）}
\end{aligned}
$$

【例 4.6】 某标准砖基础，基础墙厚240mm，有三层等高式放脚，试计算该基础每立方米标准砖净用量。

解：

$$
\begin{aligned}
&\text{每立方米砖基础标准砖净用量}\\
&=\frac{\left(\text{墙厚的砖数}\times 2\times\text{层数}+\sum\text{放脚层数值}\right)\times 2}{\left(\text{墙厚}\times\text{放脚层数}+0.0625\times 2\times\sum\text{放脚层数值}\right)\times 0.126\times 0.25}\\
&=\frac{(1\times 2\times 3+6)\times 2}{(0.24\times 3+0.0625\times 2\times 6)\times 0.126\times 0.25}\\
&=\frac{24}{0.046305}\\
&=518.30\text{（块）}
\end{aligned}
$$

4.2 装饰块料用量计算

4.2.1 铝合金装饰板

1. 计算公式

$$
\text{每 }100\text{m}^2\text{ 铝合金装饰板净用量（块）}=\frac{100}{\text{块长}\times\text{块宽}}
$$

2. 计算实例

【例 4.7】 计算用 800mm×600mm 规格的铝合金压型装饰板装饰 100m^2 天棚的净用量。

解：

$$
\begin{aligned}
\text{每 }100\text{m}^2\text{ 铝合金压型装饰板净用量}&=\frac{100}{\text{块长}\times\text{块宽}}\\
&=\frac{100}{0.80\times 0.60}\\
&=208.33\text{（块）}
\end{aligned}
$$

4.2.2　石膏装饰板

1. 计算公式

$$\text{每 }100\text{m}^2\text{石膏装饰板净用量（块）}=\frac{100}{(\text{块长}+\text{拼缝宽})\times(\text{块宽}+\text{拼缝宽})}$$

2. 计算实例

【例 4.8】 计算用 500mm×500mm 规格的石膏装饰板，拼缝宽为 2mm，计算 100m^{2}的净用量。

解：

$$\begin{aligned}\text{每 }100\text{m}^2\text{石膏装饰板净用量}&=\frac{100}{(\text{块长}+\text{拼缝宽})\times(\text{块宽}+\text{拼缝宽})}\\&=\frac{100}{(0.50+0.002)\times(0.50+0.002)}\\&=396.82\text{（块）}\end{aligned}$$

4.2.3　墙（地）面砖

1. 计算公式

$$\text{每 }100\text{m}^2\text{墙（地）面砖净用量（块）}=\frac{100}{(\text{块长}+\text{拼缝宽})\times(\text{块宽}+\text{拼缝宽})}$$

灰缝砂浆净用量= [100−(块长×块宽×100m^{2}块料净用量)]×灰缝深

2. 计算实例

【例 4.9】 使用 1∶2 水泥砂浆贴 500mm×500mm×12mm 花岗岩板墙面，灰缝宽 1mm，砂浆黏结层 5mm 厚，试计算 100m^{2}墙面的花岗岩板和砂浆净用量。

解：

$$\begin{aligned}\text{每 }100\text{m}^2\text{墙面花岗岩板净用量}&=\frac{100}{(\text{块长}+\text{拼缝宽})\times(\text{块宽}+\text{拼缝宽})}\\&=\frac{100}{(0.50+0.001)\times(0.50+0.001)}\\&=398.40\text{（块）}\end{aligned}$$

$$\begin{aligned}\text{每}100\text{m}^2\text{墙面砂浆净用量}&=\text{黏结层砂浆}+\text{灰缝砂浆}\\&=100\times0.005+[100-(0.50\times0.50\times398.40)]\times0.012\\&=0.50+(100-99.60)\times0.012\\&=0.50+0.40\times0.012\\&=0.50+0.0048\\&=0.505\text{（m}^3\text{）}\end{aligned}$$

【例 4.10】 使用 1∶2 水泥砂浆贴300mm×200mm×8mm 缸砖地面，结合层 5mm 厚，灰缝宽 2mm，试计算每 $100m^2$ 地面的缸砖和砂浆净用量。

解：

$$每\ 100m^2 地面缸砖净用量=\frac{100}{(0.30+0.002)\times(0.20+0.002)}$$
$$=1639.24（块）$$

$$每\ 100m^2 地面缸砖灰缝砂浆净用量=[100-(0.30\times0.20\times1639.24)]\times0.008$$
$$=0.013（m^3）$$

$$每\ 100m^2 地面缸砖结合层砂浆净用量=100\times0.005=0.50（m^3）$$

$$1∶2\ 水泥砂浆净用量 = 灰缝砂浆净用量 + 结合层砂浆净用量$$
$$=0.013+0.50$$
$$=0.513（m^3）$$

4.3 半成品配合比用量计算

4.3.1 砂浆配合比用量计算

1. 体积比计算公式

$$砂子用量=\frac{砂子比例数}{配合比总比例数-砂子比例数\times砂子空隙率}$$

$$水泥用量=\frac{水泥比例数\times水泥堆积密度}{砂子比例数}\times砂子用量$$

$$石灰膏用量=\frac{石灰膏比例数}{砂子比例数}\times砂子用量$$

2. 计算实例

【例 4.11】 计算 1∶2 水泥砂浆的水泥和砂子用量，水泥堆积密度 $1300kg/m^3$，砂子空隙率 46%。

解：

$$砂子用量=\frac{砂子比例数}{配合比总比例数-砂子比例数\times砂子空隙率}$$
$$=\frac{2}{(1+2)-2\times46\%}$$
$$=0.96（m^3/m^3）$$

$$水泥用量=\frac{1\times1300}{2}\times0.96=624（kg/m^3）$$

【例 4.12】 计算 1∶0.3∶3 水泥石灰砂浆的材料用量，水泥堆积密度 1310kg/m^3，砂子空隙率 44%。

解：

$$砂子用量=\frac{砂子比例数}{配合比总比例数-砂子比例数\times砂子空隙率}$$
$$=\frac{3}{(1+0.3+3)-3\times 44\%}$$
$$=1.007\ (\mathrm{m^3/m^3})$$
$$水泥用量=\frac{1\times 1310}{3}\times 1.007=439.72\ (\mathrm{kg/m^3})$$
$$石灰膏用量=\frac{0.3}{3}\times 1.007=0.101\ (\mathrm{m^3/m^3})$$

说明：当 1m^3 石灰膏需 600kg 生石灰时，上式石灰膏换算为生石灰用量为 $0.101\times 600=60.6$（kg/m^3）。

【例 4.13】 计算 1∶2.5 水泥白石子浆的材料用量，水泥堆积密度 1300kg/m^3；白石子堆积密度 1500kg/m^3，空隙率 44%。

解：

$$白石子用量=\frac{2.5}{(1+2.5)-2.5\times 44\%}$$
$$=1.042\ (\mathrm{m^3/m^3})$$
$$白石子质量=1.042\times 1500=1563\ (\mathrm{kg/m^3})$$
$$水泥用量=\frac{1\times 1300}{2.5}\times 1.042=541.84\ (\mathrm{kg/m^3})$$

4.3.2　水泥浆配合比用量计算

1. 计算公式

用水量按水泥的34%计算，即 $m_w=0.34m_c$。

1m^3 水泥浆中水泥净体积与水的净体积之和应为 1m^3，则有

$$\frac{m_c}{\rho_c}+\frac{m_w}{\rho_w}=1$$

式中，m_c——1m^3 水泥浆中水泥用量，kg；

m_w——1m^3 水泥浆中水用量，$m_w=0.34m_c$，kg；

ρ_c——水泥的密度，kg/m^3；

ρ_w——水的密度，kg/m^3。

2. 计算实例

【例 4.14】 计算 1m^3 水泥浆材料用量。水泥密度 3100kg/m^3，堆积密度 1300kg/m^3，用水量按水泥的34%计算，水密度为 1000kg/m^3。

解：

$$\frac{m_c}{\rho_c}+\frac{m_w}{\rho_w}=1$$

因用水量按水泥的34%计算，即 $m_w=0.34m_c$，代入已知数据可得

$$\frac{m_c}{3100}+\frac{0.34m_c}{1000}=1$$

解方程可得

$$m_c=1509\text{kg}$$

则

$$m_w=0.34m_c=0.34\times1509=513\text{（kg）}$$

可以计算出：

$$\text{水泥在混合前体积}V_{co'}=\frac{m_c}{\rho_{co'}}=\frac{1509}{1300}=1.161\text{（m}^3\text{）}$$

式中，$\rho_{co'}$——水泥堆积密度。

水混合前后的体积相等，

$$V_w=\frac{m_w}{\rho_w}=\frac{513}{1000}=0.513\text{（m}^3\text{）}$$

4.3.3 石灰膏浆配合比用量计算

1. 计算公式

用水量按石灰膏混合料80%计算：

$$\frac{m_D}{\rho_D}+\frac{m_w}{\rho_w}=1$$

式中，m_D——1m^3石灰膏浆中石灰膏混合料用量，kg；

m_w——1m^3石灰膏浆中水用量，$m_w=0.8m_D$，kg；

ρ_D——石灰膏混合料的密度，kg/m^3；

ρ_w——水的密度，kg/m^3。

2. 计算实例

【例 4.15】 计算 1m^3 石灰膏浆的材料用量。石灰膏堆积密度为 1000kg/m^3，密度为 2750kg/m^3，每立方米灰浆加入纸筋 26kg，折合体积 0.0286m^3。

解：

$$\frac{m_D}{\rho_D}+\frac{m_w}{\rho_w}=1$$

因用水量按石灰膏浆的80%计算，即 $m_w=0.80m_D$，代入已知数据可得

$$\frac{m_D}{2750}+\frac{0.80m_D}{1000}=1$$

解方程可得

$$m_D = 859\text{kg}$$

则

$$m_w = 0.80m_D = 0.80 \times 859 = 687\text{（kg）}$$

可以计算出：

$$\text{石灰膏和纸筋在混合前体积}\ V_{Do'} = \frac{m_D}{\rho_{Do'}} = \frac{859}{1000} = 0.859\text{（m}^3\text{）}$$

石灰膏的体积为

$$V = V_{Do'} - 0.0286 = 0.859 - 0.0286 = 0.8304\text{（m}^3\text{）}$$

石灰膏的质量为

$$m = \rho \cdot V = 1000 \times 0.8304 = 830.4\text{（kg）}$$

水混合前后的体积相等：

$$V_w = \frac{m_w}{\rho_w} = \frac{687}{1000} = 0.687\text{（m}^3\text{）}$$

4.4　提升与导学

4.4.1　提升

建筑材料的净用量计算应适应构造和施工方法。下面介绍两种材料净用量的计算方法。

1. 砖柱标准砖与砂浆用量计算

（1）矩形标准砖柱参数

矩形标准砖柱参数见表 4.3。

表 4.3　矩形标准砖柱参数表

一层块数	断面尺寸	竖缝长度/m
2	0.24m×0.24m	0.24
3	0.24m×0.365m	0.48
4.5	0.365m×0.365m	0.96
6	0.365m×0.49m	1.45
8	0.49m×0.49m	1.93

注：灰缝厚 10mm。

（2）矩形标准砖柱砖与砂浆用量计算公式

$$1\text{m}^3\text{矩形标准砖柱砖净用量}=\frac{\text{一层砖块数}}{\text{断面面积}\times(\text{砖厚}+\text{灰缝})}$$

$$\text{砂浆净用量}=1-0.0014628\times\text{砖净用量}$$

（3）矩形标准砖柱一层块数

矩形标准砖柱一层块数示意图见图 4.3。

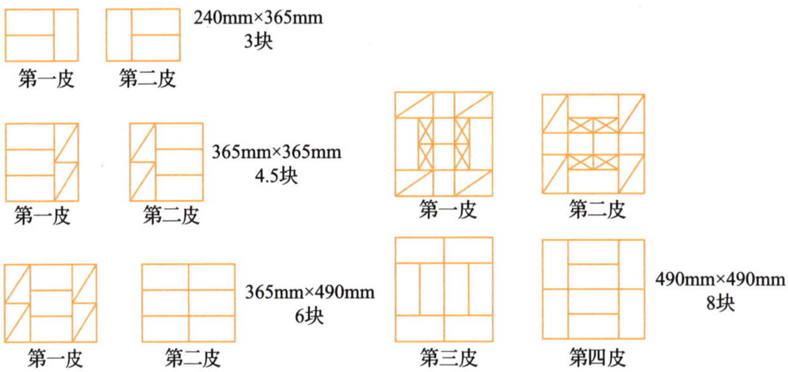

图 4.3　矩形标准砖柱一层块数示意图

（4）矩形标准砖柱每立方米标准砖净用量举例

1）240mm×240mm 砖柱：

$$\text{砖净用量}=\frac{2}{0.24\times0.24\times0.063}=551.1\ （\text{块/m}^3）$$

2）240mm×365mm 砖柱：

$$\text{砖净用量}=\frac{3}{0.24\times0.365\times0.063}=543.6\ （\text{块/m}^3）$$

3）365mm×365mm 砖柱：

$$\text{砖净用量}=\frac{4.5}{0.365\times0.365\times0.063}=536.1\ （\text{块/m}^3）$$

4）365mm×490mm 砖柱：

$$\text{砖净用量}=\frac{6}{0.365\times0.49\times0.063}=532.5\ （\text{块/m}^3）$$

5）490mm×490mm 砖柱：

$$\text{砖净用量}=\frac{8}{0.49\times0.49\times0.063}=528.9\ （\text{块/m}^3）$$

2. 卷材工程量计算

（1）卷材示意图

卷材搭接示意图见图 4.4。

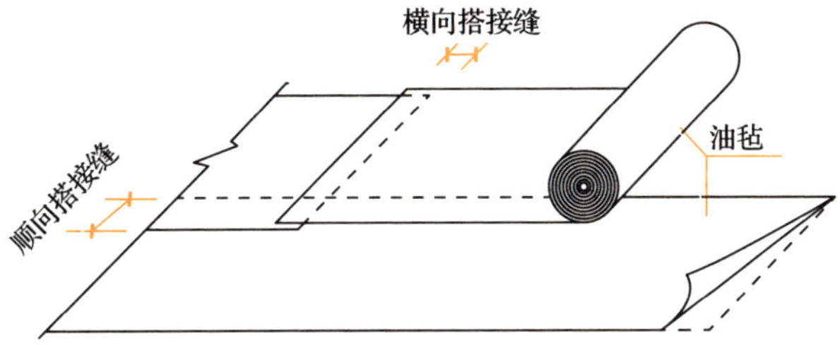

图 4.4　卷材搭接示意图

（2）计算公式

卷材工程量计算公式如下：

$$\text{每 } 100\text{m}^2 \text{ 卷材用量} = \frac{\text{卷材每卷面积} \times 100}{(\text{卷材宽} - \text{长边搭接}) \times (\text{卷材长} - \text{短边搭接} \times 2)}$$

（3）计算举例

【例 4.16】 三元乙丙-丁基橡胶防水卷材宽 1m，长 20m，短边搭接 100mm，长边搭接 100mm，损耗率 1.5%，求防水卷材的定额用量。

解：

$$\text{防水卷材净用量} = \frac{1 \times 20 \times 100}{(1 - 0.10) \times (20 - 0.10 \times 2)} = \frac{2000}{17.82} = 112.23\ (\text{m}^2/100\text{m}^2)$$

$$\text{防水卷材定额用量} = 112.23 \times (1 + 1.5\%) = 113.91\ (\text{m}^2/100\text{m}^2)$$

4.4.2　导学

1. 工程实体的材料用量是净用量

砖、混凝土、面砖等建筑材料构成了工程实体，构成工程实体的材料用量是净用量。

2. 材料用量计算要点

按照构成工程实体的客观规律，一般采用体积、面积和质量计算材料的净用量。

当工程项目组成部分可以计算长宽高三个维度时，采用体积计算材料用量，如混凝土、砖、砌筑砂浆等；当工程项目组成的厚度比较稳定时，采用面积计算材料用量，如抹灰砂浆、木工板等；剩下的不规则材料，如油漆涂料、钢筋等采用质量计算材料消耗量。

当项目组成由多种材料结合构成时，如砖砌体、铺地砖等，先计算主体材料用量，然后计算灰缝等材料用量。

3. 材料损耗量体现了定额消耗量水平

建造工程实体的过程中，不可避免地产生合理的材料损耗量，包括加工、运输、操作等过程中的损耗。不同工人操作、不同施工方法、采用不同施工机具，会产生不同的损耗量，因此损耗量的多少，反映了定额水平。

损耗量与全部消耗量之比为损耗率，因此材料消耗的定额水平以损耗率来反映。

4. 损耗率的产生与确定

材料损耗率可以通过两种方法确定。一是在正常施工条件下，记录完成单位产品的损耗率；二是通过实验室实验的方法确定材料损耗率。也可以两者结合来最终确定损耗率。

一般情况下，相同一个定额项目的材料用量，预算定额的损耗率比企业定额的损耗率大，这就说明企业定额的水平高于预算定额的水平。

材料净用量可以用理论计算法计算得出，损耗率一般由定额主管部门规定。

5. 材料消耗量与损耗率确定的其他方法

材料消耗量可以用建造工程施工中发生的实际数量进行统计分析；然后通过净用量的计算来分离损耗量，然后计算出材料损耗率。

材料消耗定额、施工定额、企业定额、预算定额等都由材料消耗量组成。因此，会计算材料消耗量是编制定额的基本能力。

练　习　题

一、单选题

1. 砖墙的墙厚是一个标准砖（　　）的称为一砖墙。

A. 厚度　　B. 宽度　　C. 长度　　D. 高度

2. 本书中半成品配合比用量乘以的是（　　）。

A. 体积比　　B. 数量比

C. 面积比　　D. 表观密度比

二、多选题

1. 标准砖墙体材料用量计算包括（　　）。

A. 标准砖用量计算　　B. 砂用量计算

C. 水泥用量计算　　D. 水用量计算

E. 砌筑砂浆用量计算

2. 用标准砖砌筑的墙厚包括（　　）mm 厚。

A. 115　　B. 120　　C. 180　　D. 240

E. 365

三、简述题

1. 简述每立方米墙体标准砖净用量计算公式中“标准块”的含义。
2. 简述每立方米墙体标准砖净用量（块）计算公式。

四、计算题

1. 计算使用混合砂浆砌 $1m^3$ 115mm 厚标准砖墙的砖净用量和砂浆净用量（灰缝宽为 10mm）。

2. 计算使用混合砂浆砌筑砌块尺寸为 260mm×180mm×180mm、墙厚为 180mm 的混凝土空心砌块墙的砌块净用量和砂浆净用量（灰缝宽为 10mm）。

3. 某标准砖基础，基础墙厚 370mm，有三层等高式放脚，试计算该基础每立方米标准砖净用量。

4. 计算用 980mm×450mm 规格的铝合金压型装饰板装饰 $100m^2$ 天棚的装饰板净用量。

5. 使用 1∶2.5 水泥砂浆贴 200mm×300mm×10mm 花岗岩板墙面，灰缝 1mm 宽，砂浆黏结层 5mm 厚，试计算 $100m^2$ 墙面的花岗岩板和砂浆净用量。

6. 使用 1∶2 水泥砂浆贴 850mm×850mm×9mm 地砖地面，结合层 5mm 厚，灰缝 2mm 宽，试计算每 $100m^2$ 地面地砖和砂浆净用量。

7. 计算 1∶3 水泥砂浆的水泥和砂子用量，水泥堆积密度 $1320kg/m^3$，砂子空隙率 43%。

8. 计算 1∶0.5∶2.5 水泥石灰砂浆的材料用量，水泥堆积密度 $1310kg/m^3$，砂子空隙率 47%。

9. 计算 1∶3 水泥白石子浆的材料用量，水泥堆积密度 $1310kg/m^3$，白石子堆积密度 $1510kg/m^3$，空隙率 47%。

10. 计算 $1m^3$ 水泥浆材料用量，水泥密度 $3200kg/m^3$，堆积密度 $1310kg/m^3$，用水量按水泥的 33%计算，水密度为 $1000kg/m^3$。

11. 计算 $1m^3$ 石灰膏浆的材料用量。石灰膏堆积密度为 $1010kg/m^3$，密度为 $2750kg/m^3$，每立方米灰浆加入纸筋 28kg，折合体积为 $0.0296m^3$。

单元 5
定额制定简易方法

知识点：

熟悉经验估计法的概念，熟悉经验公式与概率估算法，熟悉统计分析法的概念，熟悉概率测算法，熟悉比较类推法的概念。

技能点：

能用经验公式与概率估算法计算定额工时，会用二次平均法计算定额工时，会用概率测算法计算定额工时，能用比较类推法推算定额工时。

课程思政：

“杂交水稻之父”、中国工程院院士、“共和国勋章”获得者袁隆平，一个属于中国，也属于世界的名字，他研制的杂交水稻被誉为“第二次绿色革命”，给整个人类带来了福音。他是一位耕耘者，毕生致力于杂交水稻技术的研究、应用与推广，为我国粮食安全、农业发展和世界粮食供给作出了杰出贡献。名满天下时，他专注于田畴；耄耋之年，他仍坚持下田，病危之际不忘挂念水稻问天气。他最大的愿望，“就是这个饭碗，牢牢地掌握在我们中国人自己手上”。

同学们在学习和工作中也应具有创新精神，不怕困难，勇于探索，未来在建设领域贡献更多的“中国创造”。

确定人工消耗量定额有许多实用方法，其中经验估计法、统计分析法、比较类推法较为常用。

5.1 经验估计法

5.1.1 经验估计法的概念

经验估计法是将定额人员、工程技术人员和工人结合在一起，根据个人或集体的实践经验，经过图纸分析和现场观察，了解施工工艺、分析施工生产的技术组织条件和操作方法的繁简难易程度、座谈讨论和分析计算后确定定额消耗量的方法。

5.1.2　经验估计法的实施方法和适用范围

运用经验估计法制定定额，应以工序为对象，将工序分解为操作。先分析各操作的基本工作时间，然后再考虑工序的辅助工作时间、准备与结束工作时间及休息时间。根据确定的时间进行整理分析，并对结果进行优化处理，最终得出该工序或产品的时间定额或产量定额。

经验估计法的优点是方法简单，编制定额所用的时间少；其缺点是容易受编制定额人员的主观因素和局限性的影响，使定额消耗量出现偏低或偏高的现象。因此，经验估计法较适用于编制企业定额和补充定额。

5.1.3　经验估计法的计算方法

1. 算术平均值法

当对一个工序或产品进行工时消耗量估计时，大家提出了较多的估计值，这时可以用算术平均值的方法计算工时消耗量，计算公式为

$$\overline{X}=\frac{1}{n}\sum_{i=1}^{n}x_i$$

式中，$\overline{X}$ ——算术平均值；

n ——数据个数；

x_i ——第 i 个数据。

当经验估计过程中，出现的估计值较多（如 10 个以上）时，可以采用去掉其中最大值、最小值后，再计算算术平均值的方法来确定定额工时。

【例 5.1】 某项工序的工时消耗通过有经验的人员分析后，提出了如下数据，试用算术平均值法确定定额工时。

经验估计工时/h	1.22	1.35	1.20	1.18	1.50	1.21	1.28	1.30	1.15	1.10	1.19

解：（1）去掉一个最大值 1.50，去掉一个最小值 1.10。

（2）计算其余数据的算术平均值：

$$\overline{X}=\frac{1}{9}\times(1.22+1.35+1.20+1.18+1.21+1.28+1.30+1.15+1.19)=1.23\text{（工时）}$$

2. 经验公式与概率估算法

为了提高经验估计的精确度，使制定的定额水平较合理，可以在经验公式的基础上采用概率估算的方法来估算定额工时。

该方法是在估算对象的工时消耗数据中取定三个数值，即先进（乐观估计）数值 a，一般（最大可能）数值 m，保守（悲观估计）数值 b。然后利用经验公式求出它们的平

均值$\bar{t}$。经验公式如下：

$$\bar{t}=\frac{a+4m+b}{6}$$

对于根据上式算出的$\bar{t}$值，再用按正态分布函数得出的调整工时定额的公式调整为

$$t=\bar{t}+\lambda\cdot\sigma$$

式中，t——定额工时；

$\bar{t}$——工时消耗平均值；

σ——均差，$\sigma=\left|\frac{a-b}{6}\right|$。

在标准正态分布表（表 5.1）中，可以查到对应λ值的概率$P(\lambda)$。

表 5.1　标准正态分布表

λ	$P(\lambda)$	λ	$P(\lambda)$	λ	$P(\lambda)$	λ	$P(\lambda)$	λ	$P(\lambda)$
−2.5	0.01	−1.5	0.07	−0.5	0.31	0.5	0.69	1.5	0.93
−2.4	0.01	−1.4	0.08	−0.4	0.34	0.6	0.73	1.6	0.95
−2.3	0.01	−1.3	0.10	−0.3	0.38	0.7	0.76	1.7	0.96
−2.2	0.01	−1.2	0.12	−0.2	0.42	0.8	0.79	1.8	0.96
−2.1	0.02	−1.1	0.14	−0.1	0.46	0.9	0.82	1.9	0.97
−2.0	0.02	−1.0	0.16	−0.0	0.50	1.0	0.84	2.0	0.98
−1.9	0.03	−0.9	0.18	0.1	0.54	1.1	0.86	2.1	0.98
−1.8	0.04	−0.8	0.21	0.2	0.58	1.2	0.88	2.2	0.98
−1.7	0.04	−0.7	0.24	0.3	0.62	1.3	0.90	2.3	0.99
−1.6	0.06	−0.6	0.27	0.4	0.66	1.4	0.92	2.4	0.99

【例 5.2】 已知完成某施工过程的先进工时消耗为 4h，保守工时消耗为 8.5h，一般工时消耗为 5.5h。如果要求在 6.65h 内完成该施工过程，可能性有多少？若完成该施工过程的可能性$P(\lambda)=92\%$，则下达的工时定额应该是多少？

解：（1）求 6.65h 内完成该施工过程的可能性。

已知：$a=4\text{h}$，$b=8.5\text{h}$，$m=5.5\text{h}$，$t=6.65\text{h}$。

$$\bar{t}=\frac{a+4m+b}{6}=\frac{4+4\times5.5+8.5}{6}=5.75\text{（h）}$$

$$\sigma=\left|\frac{4-8.5}{6}\right|=0.75\text{（h）}$$

$$\lambda=\frac{t-\bar{t}}{\sigma}=\frac{6.65-5.75}{0.75}=1.2$$

查表 5.1 可知，当$\lambda=1.2$时，对应的$P(\lambda)=0.88$，即要求 6.65h 内完成该施工过程的可能性有 88%。

（2）求当可能性$P(\lambda)=92\%$时，下达的工时定额。

当$P(\lambda)=92\%=0.92$时，查表 5.1 可知，对应的$\lambda=1.4$，代入计算式得

$$
\begin{aligned}
t &= \bar{t} + \lambda \cdot \sigma \\
&= 5.75 + 1.4 \times 0.75 \\
&= 6.8\ (\mathrm{h})
\end{aligned}
$$

即当要求完成该施工过程的可能性 $P(\lambda)=92\%$ 时，下达的工时定额应为 6.8h。

5.2　统计分析法

5.2.1　统计分析法的概念

统计分析法是将过去施工中同类施工过程工时消耗的统计资料，同当前施工组织与施工技术变化因素结合起来，进行分析研究后，确定工时消耗定额的方法。

5.2.2　二次平均法

统计分析资料反映的是工人过去已经达到的水平。在统计时没有剔除施工中不合理的因素。因而，这个水平一般偏于保守。为了克服统计分析资料的这一缺陷，使确定的定额水平保持平均先进的水平，可以用二次平均法计算出平均先进值，作为确定定额水平的依据。

二次平均法的计算公式及步骤如下。

（1）剔除不合理的数据

剔除统计资料中偏高或偏低的不合理数据。

（2）计算平均数

计算公式为

$$\bar{t} = \frac{\sum_{i=1}^{n} t_i}{n}$$

式中，n——数据个数；

$\bar{t}$——平均数；

t_i——统计数值（i=1, 2, 3, …, n）。

（3）计算二次平均先进值

将数列中小于平均值的各数值与平均值相加（求时间定额），或者将数列中大于平均值的各数值与平均值相加（求产量定额），然后再求其平均数，即求第二次平均数。计算过程如下。

1）求时间定额的二次平均值。

$$\bar{t}_0 = \frac{\bar{t} + \bar{t}_n}{2}$$

式中，$\bar{t}_0$——二次平均后的先进平均值；

$\bar{t}$——全数平均值；

$\overline{t_n}$——小于全数平均值的各个数值的平均值。

2）求产量定额的二次平均值。

$$\overline{P_0}=\frac{\overline{P}+\overline{P_k}}{2}$$

式中，P_0——二次平均后的平均先进值；

$\overline{P}$——全数平均值；

$\overline{P_k}$——大于全数平均值的各个数值的平均值。

【例 5.3】 已知某施工过程工时消耗的各次统计数据为 38、41、43、40、45、50、44、42、43、44，试用二次平均法计算其平均先进值。

解：（1）求第一次平均值：

$$\overline{t}=\frac{1}{10}\times(38+41+43+40+45+50+44+42+43+44)=43$$

（2）求先进平均值：

$$\overline{t_n}=\frac{38+41+40+42}{4}=40.25$$

（3）求二次平均先进值：

$$\overline{t_0}=\frac{\overline{t}+\overline{t_n}}{2}=\frac{43+40.25}{2}=41.63$$

5.2.3　概率测算法

利用二次平均法计算出的结果一般偏向于先进，可能多数工人达不到，不能较好地体现平均先进的原则。概率测算法可以运用统计资料计算出有多少工人（百分比）可能达到，作为确定定额水平。具体计算公式及步骤如下。

1. 确定有效数据

对某施工过程的若干次工时消耗数据进行整理分析，剔除明显偏低或偏高的数据。

2. 计算工时消耗的平均值

工时消耗的平均值计算公式如下：

$$\overline{t}=\frac{\sum_{i=1}^{n}t_i}{n}$$

3. 计算工时消耗数据的样本标准差

工时消耗数据的样本标准差计算公式如下：

$$S=\sqrt{\frac{1}{n-1}\sum_{i=1}^{n}(x_i-\overline{t})^2}$$

式中，S——样本标准差；

n——数据个数；

x_i——工时消耗数据（$i=1, 2, 3,\cdots, n$）；

$\overline{t}$——工时消耗平均值。

4. 运用正态分布公式确定定额水平

根据正态分布公式得出的确定定额的公式为

$$t=\overline{t}+\lambda S$$

式中，t——定额工时消耗；

$\overline{t}$——工时消耗平均值；

λ——S 的系数，从正态分布表中可以查到对应于 λ 值的概率 $P(\lambda)$；

S——样本标准差。

【例 5.4】 已知某施工过程工时消耗的各次统计值为 38、41、43、40、45、50、44、42、43、44（同例 5.3），试用概率测算法确定使 86%的工人能够达到的定额值和超过平均先进值的概率各为多少？

解：（1）求平均值：

$$\overline{t}=\frac{1}{10}\times(38+41+43+40+45+50+44+42+43+44)=43$$

（2）计算样本标准差：

$$S=\sqrt{\frac{1}{10-1}[(38-43)^2+(41-43)^2+(43-43)^2\times2+(40-43)^2+(45-43)^2+(50-43)^2+(44-43)^2\times2+(42-43)^2]}$$
$$=\sqrt{10.444}$$
$$=3.23$$

（3）确定使 86%的工人能够达到的工时消耗定额由正态分布表（表 5.1）查得，当 $P(\lambda)=0.86$ 时，$\lambda=1.1$，故使 86%的工人能达到的工时消耗定额为

$$t=\overline{t}+\lambda S=43+1.1\times3.23=46.55$$

（4）确定能超过平均先进值的概率。

由例 5.3 求出的平均先进值为 41.63，计算出能达到此值的概率：

$$\lambda=\frac{\overline{t_0}-\overline{t}}{S}=\frac{41.63-43}{3.23}=-0.43$$

利用插值法查表 5.1 得 $P(-0.43)=0.331$，即只有 33.1%的工人能达到此水平。

5.3 比较类推法

5.3.1 比较类推法的概念

比较类推法又叫典型定额法，是以同类或相似类型的施工过程的典型定额消耗量为标准，经过与相似定额的分析比较，类推出同一组相似定额消耗量的方法。

5.3.2 比较类推法的特点

1. 按比例类推定额

比较类推法主要采用正比例的方法来推算其他同类定额消耗量，该方法比较简单。但要注意，如果类推定额与典型定额之间没有明显的正比例关系，该方法的准确性就达不到要求。

2. 方法简便，有一定适用范围

采用该方法时，如果典型定额选择恰当、切合实际、具有代表性，那么类推出的定额一般比较合理。从实践情况来看，该方法适用于同类型、规格多、批量小的施工过程。随着施工机械化、标准化、装配化程度的不断提高，这种方法的适用范围逐步扩大。

3. 采用典型定额类推

为了提高定额的精确度，通常采用以主要项目的典型定额来类推。采用这种方法，要特别注意掌握工序、产品的施工工艺和劳动组织等特征，细致分析施工过程的各种影响因素，防止将因素变化很大的项目作为典型定额来比较类推。

5.3.3 比较类推法的计算方法

常用的比较类推法有比例计算法和坐标图示法两种。

1. 比例计算法

比例计算法又叫比例推算法。该方法是以某些定额项目为基础，通过技术测定或统计资料运用正比例的方法求得相似定额消耗量的方法。

比例计算法的计算公式为

$$t = P \cdot t_0$$

式中，t——待计算的工时消耗量；

t_0——相似典型定额项目的工时消耗量；

P——已确定的比例。

【例 5.5】 已知人工挖地槽土方的一类土时间定额及一类土与二、三、四类土人工挖地槽土方时间定额的比例关系如表 5.2 所示，求二、三、四类土人工挖地槽土方的时间定额。

解：（1）求地槽上口宽在 0.8m 以内的时间定额。

二类土：1.43×0.133=0.190（工日/m^3）

三类土：2.50×0.133=0.333（工日/m^3）

四类土：3.76×0.133=0.500（工日/m^3）

（2）求地槽上口宽在 1.5m 以内的时间定额。

二类土：1.43×0.115=0.164（工日/m^3）

三类土：2.50×0.115=0.288（工日/m^3）
四类土：3.76×0.115=0.432（工日/m^3）
（3）求地槽上口宽在 3.0m 以内的时间定额。
二类土：1.43×0.108=0.154（工日/m^3）
三类土：2.50×0.108=0.270（工日/m^3）
四类土：3.76×0.108=0.406（工日/m^3）

表 5.2　挖地槽土方时间定额比例关系及计算结果

项目	比例关系	挖地槽深在 1.5m 以内，地槽上口宽限值		
		0.8m/（工日/m^3）	1.5m/（工日/m^3）	3m/（工日/m^3）
一类土	1.00	0.133	0.115	0.108
二类土	1.43	0.190	0.164	0.154
三类土	2.50	0.333	0.288	0.270
四类土	3.76	0.500	0.432	0.406

2. 坐标图示法

坐标图示法又叫图表法，即采用坐标图和表格来制定定额的方法。具体做法是，选择一组同类定额项目，并选定典型定额项目，然后在坐标图上以项目的规格要求为横坐标，以工时或产量为纵坐标，确定坐标图。接着将典型定额项目的工时消耗用点标在坐标图上，依次连接各点成一线，在该直线上确定其他相关定额项目的时间消耗量。

【例 5.6】 机动翻斗车运砂子，已知典型定额项目的时间定额如表 5.3 所示，试求运距分别为 200m、600m、1200m、2000m 时的时间定额。

表 5.3　机动翻斗车运砂子的典型时间定额

项目	单位	运距			
		140m	400m	900m	1600m
运砂子	工日	0.126	0.182	0.240	0.333

解：（1）根据表 5.3 所列的典型定额画出运砂子的定额线（图 5.1）。

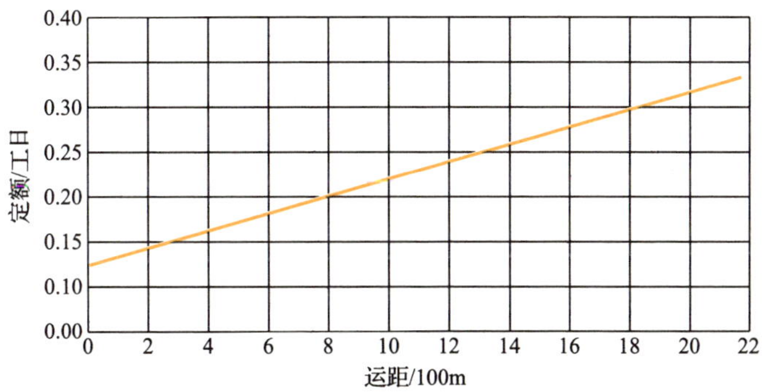

图 5.1　机动翻斗车运砂子时间定额坐标图

（2）在图 5.1 上确定出所要确定的项目，结果如表 5.4 所示。

表 5.4 用坐标图示法确定定额结果

项目	单位	运距			
		200m	600m	1200m	2000m
运砂子	工日	0.150	0.208	0.278	0.390

5.4 提升与导学

5.4.1 提升

1. 经验估计法的特点

经验估计法一般用于工作内容的局部改变了工艺，或者组合了不同的施工工艺，导致用工、用料发生变化的情况下，根据有经验的工人或工人小组提出调整定额消耗量的方法。

经验估计法具有快捷、简单、明了的特点，但准确性不高，只能用于个别项目临时调整定额。

2. 统计分析法的优点

统计分析法应用大数据方法，利用过去积累的相关数据编制定额。不断完善统计分析法，建立定额数据库，应用大数据分析，是将来编制定额的发展方向。

5.4.2 导学

1. 学习统计知识、熟悉统计方法是编制定额的基本要求

基于统计数据，采用统计方法产生定额数据，是编制定额的有效方法。所以，学习和熟悉统计方法是当前以及将来编制定额的基本方法，应该重点关注。

2. 熟悉统计法产生定额数据的特点

依据过去积累的数据，采用统计的方法计算出定额消耗量，针对某一个具体工程的工程造价是不精确的，但是针对很多工程时又是基本准确的。这就是运用统计方法产生定额数据的特点，也是建设工程定额的特点。这一特点是由定额编制原理决定的。

练　习　题

一、单选题

运用经验估计法制定定额应以（　　）。

A. 工作过程为对象　　B. 综合工作过程为对象

C. 操作为对象　　D. 工序为对象

二、多选题

1. 确定人工消耗量定额的方法有（　　）。

A. 统计分析法　　B. 加权平均法

C. 比较类推法　　D. 重点记录法

E. 经验估计法

2. 经验估计法的优点是（　　）。

A. 方法简单　　B. 计算量小

C. 编制定额所用的时间少　　D. 容易掌握

E. 技术简单

3. 比较类推法的特点有（　　）。

A. 按比例类推定额　　B. 计算简便

C. 方法简便　　D. 有一定适用范围

E. 采用典型定额类推

三、简述题

1. 什么是经验估计法?
2. 什么情况下估算工时消耗量可以用算术平均值法?
3. 为什么要在经验公式的基础上采用概率方法?
4. 写出在经验公式的基础上采用概率方法的计算公式。
5. 什么是统计分析法?
6. 简述二次平均法的计算步骤。
7. 什么是比较类推法?
8. 什么是坐标图示法?

四、计算题

1. 已知完成某施工过程的先进工时消耗为3.3h，保守工时消耗为5.5h，一般工时消耗为4.5h。如果要求在4.65h内完成该施工过程，可能性是多少？若完成该施工过程的可能性$P(\lambda)=92\%$，则下达的工时定额应该是多少？

2. 已知某施工过程工时消耗的各次统计值为 39、42、42、40、46、51、43、45、41、43，试用概率测算法确定使 86%的工人能够达到的定额值和超过平均先进值的概率各为多少？

Ⅱ 应用篇

单元 6 定额编制方案拟定

知识点：

了解定额编制方案的基本内容，了解拟定定额的适用范围，熟悉拟定定额的结构形式，熟悉定额计量单位的确定方法，熟悉定额水平的确定方法，了解定额水平的测算对比方法。

技能点：

举例说明定额项目计量单位如何选择，会测算新定额的定额水平。

课程思政：

上海中心大厦是一座巨型高层地标式摩天大楼，其总高为632m，建筑面积为 57.8 万 m^2。上海中心大厦是我国乃至世界的超级工程之一，其钢筋就用了约 10 万 t。上海中心大厦项目存在参与方众多、分支系统复杂、信息量大、有效传递困难、成本控制困难等问题。项目从全生命周期角度出发，以 BIM 技术为手段，应用 Rcvit 建立模型，并在三维空间环境中完成对项目的深化设计和修改，针对项目的设计、施工以及运营的全过程，有效完成工程信息的采集、加工、存储和交流，从而帮助项目的最高决策者对项目进行合理的协调、规划和控制，是新技术、新工艺出色应用及大国工匠杰出成就的典范。

同学们通过网络检索以上海中心大厦为代表的我国其他“超级工程”，感受“中国建造”的巨大力量。

定额编制方案就是对编制过程中一系列重要问题，作出原则性的规定，并据此指导编制工作的全过程。

6.1 定额编制方案的基本内容

定额编制方案主要包括下列基本内容。

6.1.1 编制内容、方法及依据

1. 定额编制内容

定额编制内容主要包括以下两个方面。

1）定额水平。

2）定额结构形式。

2. 编制定额的基本方法

可以采用技术测定法、统计计算法、经验估计法等编制定额。

3. 编制定额的依据

1）劳动制度，包括工人技术等级标准、工资标准、工资奖励制度、8h 工作日制度、劳动保护制度等。

2）各种规范、规程、标准，包括设计规范、质量及验收规范、技术操作规程、安全操作规程等。

3）技术资料、测定和统计资料，包括典型工程施工图、正常施工条件、机械装备程度、常用施工方法、施工工艺、劳动组织、技术测定数据、定额统计资料等。

6.1.2 拟定定额的适用范围

明确适用范围包括以下几个方面。

1）适用于某地区。

2）适用于建筑工程、安装工程、装饰工程等专业。

3）适用于企业内部。

4）适用于工程投标报价。

6.1.3 拟定定额的结构形式

明确定额结构形式包括以下几个方面。

1）结构形式简单明了。

2）项目划分简明适用。

3）定额文字通俗易懂。

6.1.4 定额水平的确定

定额水平主要反映在以下几个方面。

1）产品质量与原材料消耗量。

2）劳动组织合理性与人工消耗量。

3）生产技术水平与施工工艺先进性。

6.1.5　定额水平测算对比

定额水平测算对比主要包括以下几个方面。

1）定额水平测算方法。

2）单个项目定额水平测算。

3）节、章及总水平的测算。

除上述内容外，编制定额还包括组织领导、人员安排、确定方法步骤、时间安排等措施和计划。

6.2　拟定定额的适用范围

制定定额首先要拟定其适用范围，使之与一定的生产力水平相适应。

6.2.1　适用于某个地区

属于地区性的以下几个方面会影响定额水平。

1）地方材料的品种规格不同。例如，混凝土采用中砂或细砂时的配合比、材料消耗量不同。

2）地质条件情况不同。例如，不同地质条件和土质对人工挖土方的影响。

3）劳动组织不同。各地区工人小组构成人员不同对工时消耗影响不同。

6.2.2　适用于某个专业

编制企业定额应该按专业划分，一般应划分为建筑工程、安装工程、装饰工程、市政工程和园林绿化工程等。

6.2.3　适用于企业内部

适用于企业内部的定额是指按企业生产力水平编制的定额，是企业编制施工作业计划、劳动力计划、材料供应计划、机械台班需用量计划、下达施工任务单、填写限额领料单、结算工程承包用工用料、核算工程成本、统计完成产值等的依据。

6.2.4　适用于工程投标报价

适用于工程投标报价分两种情况。第一种是按行业生产力水平编制具有社会平均水平的定额，供业主和承包商作为计算工程标底价或工程造价的依据；第二种是按企业生产力水平编制具有企业个别水平的定额，作为企业计算工程投标报价的依据。

6.3 拟定定额的结构形式

6.3.1 结构形式

定额结构形式简单明了是指层次清晰，各章节划分明了，便于使用。除此以外，要将成熟的新工艺、新技术、新结构、新机具等内容编排进去。要研究合理划分定额项目，编排好章节以及选定好合适的计量单位等问题。

6.3.2 定额项目划分

划分定额项目要依据定额的具体内容和工效的差别情况来进行。总的要求是，定额项目齐全、使用方便、步距大小适宜。

步距大小是定额项目划分的重要因素。一般原则是，以定额项目的步距相差10%左右为宜。

划分定额项目要充分体现施工技术和生产力水平。具体划分方法主要有以下几种。

1. 按机具和机械施工方法划分

不同的施工方法对定额的水平影响较大，如手工操作与机械操作的工效差别很大。根据手工操作和使用机具情况，定额项目可划分为手工、机械和部分机械定额项目。例如，钢筋制作可以划分为机械制作、部分机械制作和手工绑扎等定额项目。

2. 按产品的结构特征和繁简程度划分

在施工内容上虽然属于同一类型的施工过程，但由于工程结构的繁简程度和几何尺寸不同，对定额水平有较大影响。所以，要根据产品的结构特征、复杂程度及几何尺寸划分定额项目。

例如，现浇混凝土设备基础模板的制作安装，就需要根据其复杂程度和几何尺寸，划分为一般的、复杂的、体积在多少立方米以内或多少立方米以外的项目。

3. 按使用的材料划分

在完成某一产品时，使用的材料不同，对工程的影响也很大。例如，不同材质、不同管径的各种管材，对管道安装的工效影响就很大。

所以，在划分管道安装项目时，则应按不同材质的不同管径来划分。

4. 按工程质量的不同要求划分

不同的工程质量要求，对单位产品的工时消耗也有较大的差别。例如，砖墙面抹石灰砂浆，按施工及质量验收规范规定，有不同等级、不同抹灰遍数的质量要求。因此，可以按高级、中级、普通抹灰质量要求分别划分定额项目。

5. 按工作高度划分

一般来说，工作高度越高，操作越困难，安全要求也越高，其运输材料的工时消耗也越多，操作的工作时间也必然增加。操作高度或建筑物的高度，对工时消耗都有不同程度的影响。所以，要按不同高度对定额水平的影响程度来划分项目。在这种情况下也可以采取增加工时或乘系数的方法来调整。

除了上述划分方法外，还有根据土壤类型，工作物的长度、宽度、直径，设备的型号、容量大小等划分项目。总的原则就是以工效的差别来划分项目。

6.3.3　划分定额项目应注意的问题

在划分定额项目时，应注意以下几个方面的问题。

1. 注意新旧项目的恰当处理

随着施工生产的发展，各种新工艺、新技术、新方法、新机具不断出现。针对这一情况，处理原则是凡是实践中已经证明可行的先进经验都应列入定额内，但也要注意，不应把正在推行中、消耗水平不稳定的项目列入定额内；对已经被淘汰的项目也要予以删除。

2. 具有指导意义的新工艺的处理

有些先进的生产工艺，虽然目前还未普遍推广，但定额水平已基本稳定，并且具有方向性和指导性，也应列入定额，如钢筋接头的新工艺等。

3. 正确运用附注系数和增加工日的方法

附注系数及增加工日是定额的另一种表现形式，它可以减少定额项目。一般是，常用的项目都要划分好列入定额，不常用的项目可以采取乘系数的方法解决。

例如，木门窗制作以常用的一、二类木种划分列项，如采用三、四类木种，其定额用工可以在一、二类木种定额基础上乘以规定的系数。因为在实际施工生产中，用三、四类木种制作门窗的情况较少。

所以，可以通过乘系数的方法来解决定额水平的差异。另外，有些情况属于工作内容和影响因素的变化，也可以用乘系数的方法解决。

应该指出，当影响因素及定额水平不成比例关系时，不能采用乘系数的方法，而要采用增加或减少用工的方法来解决。

6.3.4　定额章节的编排

定额章节的编排是拟定定额结构形式的一项重要工作，其编排、划分的合理性，关系到定额的使用是否方便。

1. 章的划分

章的划分方法通常有以下几种。

1）按不同的分部划分。例如，装饰工程可以按不同分部划分为楼地面、墙柱面、天棚、门窗、油漆涂料等各章。

2）按不同工种和劳动对象划分。例如，建筑工程可以按工种和劳动对象划分为土石方、砌筑、脚手架、混凝土及钢筋混凝土、门窗、抹灰、装饰等各章。

2. 节的划分

节的划分主要有以下几种。

1）按不同的材料划分。例如，抹灰工程可以按不同材料划分为石灰砂浆、水泥砂浆、混合砂浆等各节。

2）按分部分项工程划分。例如，现浇构件这一章可以按分部分项的工效不同划分为基础、地面、柱、梁、墙、板等各小节。

3）按不同构造划分。例如，屋面防水这一章可以按构造划分为柔性防水层、刚性防水层、瓦屋面、铁皮屋面等各小节。

上述章、节的划分方法是一般常用的方法，具体操作还需在编制定额过程中结合具体情况而定。

定额的章、节编排，还需包括文字说明。文字说明的主要内容有工程内容、质量要求、劳动组织、操作方法、使用机具以及有关规定等。

定额中的文字说明要简单明了，每种定额应有总说明，将两章及两章以上的共性问题编写在总说明中。每章应写章说明，将两节及两节以上的共性问题编写在章说明中。每节的文字说明一般包括工作内容、操作方法和有关规定等。

6.3.5　计量单位的确定

每一施工过程的结果都会得到一定的产品，该产品必须用一定的计量单位来表示。

在很多情况下，一种产品可以采用几种计量单位。

例如，砖砌体的计量单位可以用砌 1000 块砖、砌 $1m^2$ 砖墙或砌 $1m^3$ 砖砌体来表示。所以，在编制定额时应首先确定项目的计量单位。

确定计量单位应遵循以下原则。

1. 能够准确、形象地反映产品的形态特征

凡物体的长、宽、高三个度量都发生变化时，应采用 m^3 为计量单位，如土方、石方、砖石、混凝土构件等项目。

当物体有一相对固定的厚度，而它的长和宽两个度量方向所决定的面积发生变化时，宜采用 m^2 为计量单位，如地面面层、装饰抹灰等项目。

若物体截面形状及大小固定，但长度不固定时，应以延长米为计量单位，如装饰线条、栏杆扶手，给排水管道、导线敷设等项目。

有的项目体积、面积相同，但重量和价格差异较大，如金属结构的制作、运输、安装等，应当以 kg 或 t 为单位计算。

还有一些项目可以按个、组、套等自然计量单位计算，如水嘴、洗脸盆、排水栓等项目。

2. 便于计算和验收工程量

例如，墙脚排水坡以 m^2 为计量单位，窗帘盒以 m 为单位，便于计算和验收工程量。

3. 便于定额的综合

施工过程各组成部分的计量单位应尽可能相同。例如，人工挖土方，其组成部分的人工挖方、人工运土、人工回填土项目都应以 m^3 为单位，便于定额的综合。

4. 计量单位的大小要适当

所谓计量单位的大小要适当，是指其单位不能过大或过小，应做到既方便使用，又能保证定额的精确度。例如，人工挖土方以 $10m^3$ 为单位，人工运土以 $100m^3$ 为单位，机械运土方以 $1000m^3$ 为单位。

5. 必须采用国家法定的计量单位

定额中计量单位的名称和书写都应采用国家法定的计量单位。

6.4　定额水平的确定

定额水平的确定是一项复杂细致的工作，具有较强的技术性。

确定定额水平，必须做好有关定额水平的资料收集、整理和分析工作，弄清楚定额水平的各种影响因素。只有这样才能制定出满足要求的定额水平。

6.4.1　定额水平资料的搜集

搜集定额水平资料是确定定额水平的一项基础性工作。该项工作要充分发挥定额专业人员的作用，积极做好技术测定工作。无论是编制企业定额还是补充定额，都应以技术测定资料为确定定额水平的重要依据。特别是定额中的常用项目，一定要通过技术测定资料来确定定额水平。

另外，还应搜集在施工过程中实际完成情况的统计资料和实践经验资料。统计资料一般是指单项统计资料，是消耗在单位产品上的实耗工料记录。

统计资料应该在生产条件比较正常、产品和任务比较稳定、原始记录和统计工作比较健全，以及重视科学管理和劳动考核的施工队组或施工项目上搜集，以保证统计资料的准确性。

经验估计资料要建立在深入细致调查研究的基础上，要广泛征求有实践经验人员的意见。为了提高经验资料的可靠程度，可将初步搜集来的经验资料，通过各种座谈会讨论分析，反复征求意见，使经验资料有足够的代表性。

搜集定额水平资料时应注意以下问题。

1. 资料的准确性

资料要如实反映客观实际，数字真实可靠。

2. 资料的完整性

资料的内容要齐全，不仅要有完成产品的数量和消耗工料的数量资料，而且还要有相应的产品质量、施工技术组织资料等影响定额水平的各种因素资料。

3. 资料的代表性

资料要能够把定额适用范围内的大多数队组、项目上的定额工效水平反映出来。

6.4.2 定额水平资料的分析采用

通过上述方法搜集到的资料，由于受多种因素的影响，难免存在一定的局限性，往往会发现同一组项目的水平有较大的差异。

因此，对搜集到的资料，首先要进行分析，要选用工作内容齐全，施工条件正常，各种影响因素清楚，产品数量、质量及工料消耗数据可靠的资料，进行加工整理，作为确定定额水平的依据。

6.4.3 定额水平的确定原则

定额水平的确定要从两个方面来讨论。一是根据定额的作用范围确定定额水平；二是根据企业的生产力水平确定定额水平。

根据作用范围确定定额水平是指，编制行业定额用以指导整个行业时，应该以行业的平均水平作为定额水平；编制地区定额用于指导某一地区时，应该以该地区该行业的平均水平作为定额水平依据。

如果是编制企业定额，那么就应该以该企业的平均先进水平作为定额的水平。

定额水平的确定，不仅要坚持平均水平或平均先进水平的原则，还必须处理好数量与质量的关系。

各种定额应该以现行的工程质量验收规范为质量标准，在达到质量标准的前提下，确定定额水平。

确定定额水平还应考虑工人的身心健康和安全生产。对有害身体健康的工作，应该减少作业时间。

6.4.4　确定定额水平应注意的问题

1. 注意先进技术和先进经验的成熟程度

在确定定额水平时，对于能够反映先进技术、革新成果和先进操作经验的项目，要注意分析其成熟程度和推广应用的客观条件后区别对待。凡是比较成熟的，已经具备普遍推广条件的，应该在定额水平中反映；由于某些条件的限制，难以立即实现的，则不应反映到定额水平中。对于有推广意义的项目，可以反映到定额水平中；对于某些小改小革提高工效的项目，可以暂不反映到定额水平中，以免挫伤革新者的积极性。

2. 要防止用提高劳动强度的方法提高定额水平

在分析和确定使用一般工具的手工操作定额水平时，要特别注意防止用提高工人劳动强度的方法来提高定额水平。特别是笨重的体力劳动，更要持慎重态度。

定额水平的提高要立足于采用科学管理和先进的生产技术和手段，诸如合理的生产组织、先进的生产工具，以及各种技术革新成果等。

6.5　定额水平的测算对比

为了将新编定额与现行定额进行对比，分析新编定额水平提高或降低的幅度，需要对定额水平进行测算。

6.5.1　测算项目的选择

由于定额项目很多，一般不作逐项对比和测算，通常将定额章节中的主要常用项目进行对比。例如，砖石工程的重点可选砖基础、砖墙、砖柱等项目进行对比。

项目对比时，应注意所选项目的可比性。所谓可比性是指两个对比项目的定额水平所反映的内容，包括工作内容、施工条件、计算口径是否一致。如果不一致，那么就没有可比性，其比较结果就不能反映定额水平变化的实际情况。

6.5.2　测算对比方法

定额水平的测算对比常采用单项水平对比和总体水平对比的方法。

1. 单项水平对比

单项水平对比就是用新编定额选定的项目与现行定额对应的项目进行对比，其比值反映了新编定额水平比现行定额水平提高或降低的幅度，其计算公式为

$$新编定额水平提高或降低的幅度=\left(\frac{现行定额单项消耗量}{新编定额单项消耗量}-1\right)\times100\%$$

定额水平越高，其定额消耗量就越低，定额水平与消耗量成反比。

2. 总体水平对比

总体水平对比是用同一单位工程计算出的工程量，分别套用新编定额和现行定额的消耗量，计算出人工、材料、机械台班总消耗量后进行对比，从而分析新编定额水平比现行定额水平提高或降低的幅度，其计算公式为

$$新编定额水平提高或降低的幅度=\left(\frac{现行定额分析的单位工程消耗量}{新编定额分析的单位工程消耗量}-1\right)\times 100\%$$

6.6 提升与导学

6.6.1 提升

1. 定额水平定义

定额水平是指在正常施工条件下完成单位合格产品人工、材料、机械台班消耗量高低的水平。消耗量低即水平高，反之，消耗量高即水平低。消耗量与定额水平成反比。

2. 定额水平举例

例如，甲定额规定抹 20mm 厚 1∶2 水泥砂浆地面面层每 100m^2 的砂浆耗用量是 2.03m^3；乙定额规定上述定额项目每 100m^2 的砂浆耗用量是 2.01m^3。这时甲定额比乙定额多用了 0.02m^3 的水泥砂浆，就说乙定额比甲定额的水平高。

3. 砂浆用量分离

抹 100m^{2}20mm 厚水泥砂浆地面面层的砂浆净用量=0.02mm×100m^2=2.00m^3；甲定额砂浆损耗量=定额砂浆用量-砂浆净用量=2.03m^3-2.00m^3=0.03m^3；乙定额砂浆损耗量=定额砂浆用量-砂浆净用量=2.01m^3-2.00m^3=0.01m^3。

4. 损耗量反映定额水平

损耗量反映定额水平，是定额的核心数据。乙定额的砂浆损耗量（0.01m^3）比甲定额的损耗量（0.03m^3）少 0.02m^3，故乙定额的水平高于甲定额。

5. 我国 8 级工资制的月工资计算方法

中华人民共和国成立后，我国长期实施 8 级工资制，即建筑工人工资级别为 1～7 级；安装工人工资级别为 1～8 级。

8 级工资制月工资计算公式为

$$F_n = F_1 \times K_n$$

式中，F_n——n 级工月工资标准；

F_1——1 级工工资标准；

K_n——n 级工的工资等级系数，$K_n = 1.178^{n-1}$。

【例】 某安装企业 1 级工月工资为 3800 元，用上述公式计算 4 级工月工资。

解：

$$\begin{aligned} F_4 &= 3800 \times 1.178^{4-1} \\ &= 3800 \times 1.635 \\ &= 6213\text{（元/月）} \end{aligned}$$

6.6.2　导学

1. 定额的简明适用原则

定额项目是依据定额适用范围，按工序、工作过程或者综合工作过程内容来划分的。在同样工作内容下，定额按工作过程划分项目要比按综合工作过程划分项目多得多。同一工作内容将定额项目划分细一些则适用性强，施工图上的项目基本上都能套上对应的定额项目，但是编制出的定额内容比较多，不简明扼要；如果将定额项目划分粗略一些，定额简明，但使用时往往有一些施工图中的项目不能直接套用定额项目，适用性就差。

综上所述，定额“简明适用”是一个矛盾的统一体，所以需要按照定额的适用范围和使用对象进行合理取舍。例如，施工定额需要用于计算工人班组完成工作的劳动报酬时，项目划分就要细一些；又如，概算定额是施工图设计阶段控制工程造价的定额，项目就可以综合一些。

2. 定额章节内容划分

掌握定额编制方法，首先要熟悉施工过程和建筑构造，其次要熟悉各工种及对应的工作内容。所以，定额章节一般首选按施工过程和建筑构造来划分。例如，按照土石方、桩基、砌体、脚手架、现浇与预制混凝土、楼地面、门窗、屋面、装饰等建造过程划分定额章节。在装饰章节又按抹灰工、油漆工、木工等工种来划分项目。了解这一思路为快速翻阅定额带来了方便。

3. 定额水平对比

新定额在颁发之前，都要与旧定额进行水平对比。如果是材料消耗新编定额水平对比，能否用损耗量进行对比？为什么？大家思考一下。

$$\text{新编定额水平提高或降低的幅度} = \left(\frac{\text{现行定额材料损耗量}}{\text{新编定额材料损耗量}} - 1\right) \times 100\%$$

例如，某地区新编预算定额现浇每 $10m^3$ 混凝土独立基础的混凝土用量为 $10.15m^3$，现行预算定额对应项目的混凝土消耗量为 $10.17m^3$，可以计算新编定额混凝土用量降低幅度吗？

练　习　题

一、单选题

1. 定额项目划分要充分体现（　　）。
   A. 施工技术和生产力水平　B. 劳动力组织合理
   C. 材料使用合理　D. 劳动者水平
2. 企业定额的水平是（　　）。
   A. 先进水平　B. 平均先进水平
   C. 平均水平　D. 一般水平

二、多选题

1. 定额编制原则包括（　　）。
   A. 定额水平　B. 定额形式
   C. 定额结构形式　D. 定额内容
   E. 定额数据
2. 编制定额的依据包括（　　）。
   A. 质量及验收规范　B. 技术操作规程
   C. 技术资料　D. 计算资料
   E. 劳动制度
3. 拟定定额的适用范围包括（　　）。
   A. 适用于某地区
   B. 适用于建筑工程、安装工程、装饰工程等专业
   C. 适用于企业内部
   D. 适用于工程投标报价
   E. 适用于编制预算
4. 拟定定额结构形式包括（　　）。
   A. 结构形式简单明了　B. 项目划分简明适用
   C. 定额文字通俗易懂　D. 计量单位准确
   E. 数据明了
5. 定额水平主要反映在（　　）。
   A. 产品质量与原材料消耗量　B. 机械合理使用
   C. 劳动组织合理性与人工消耗量　D. 生产技术水平与施工工艺先进性
   E. 管理高效率
6. 定额水平测算对比主要包括（　　）。
   A. 定额水平测算方法　B. 单个项目定额水平测算
   C. 节、章及总水平的测算　D. 人工消耗量水平测算

E. 材料消耗量水平测算

7. 编制企业定额应按专业划分，一般要划分为（　　）。
A. 建筑工程　　B. 安装工程
C. 装饰工程　　D. 市政工程
E. 安全工程

8. 确定定额计量单位应遵循的原则包括（　　）。
A. 便于定额的综合　　B. 必须采用国家法定的计量单位
C. 便于套用定额　　D. 便于计算和验收工程量
E. 能够准确、形象地反映产品的形态特征

9. 定额水平的测算对比方法有（　　）。
A. 单个水平对比　　B. 总体水平对比
C. 单位水平对比　　D. 单项水平对比
E. 分部水平对比

三、简述题

1. 企业定额的编制依据有哪些？
2. 简述定额结构形式简单明了包括哪些方面？
3. 如何合理划分定额项目？
4. 确定定额水平应注意哪些问题？

单元 7 人工定额编制

知识点：

熟悉人工定额的概念，熟悉人工定额编制原则，熟悉人工定额编制方法，熟悉定额时间确定方法。

技能点：

能举例说明某定额是平均先进水平，会计算作业时间、准备与结束时间、休息时间和不可避免的中断时间，能举例说明人工定额计算过程和计算结果。

课程思政：

《孙子算经》是中国古代重要的数学著作，成书大约在四、五世纪，也就是大约 1500 年前，作者生平和编写年不详，“鸡兔同笼”出自该书。《孙子算经》记载了最早的工程量计算方法和用工数量计算方法，如：“今有筑城，上广二丈，下广五丈四尺，高三丈八尺，长五千五百五十尺。秋程人功三百尺，问须功几何？”按题意得出：（20+54）×1/2×38=1406（平方尺）；1406×5550=7803300（立方尺）；7803300÷300=26011（个），这就是计算工程量和所需人工的方法。古人通过编制人工定额来完成工程建设，彰显了我国劳动人民的聪明才智。

7.1 人工定额的概念

人工定额亦称劳动定额。它规定了在正常施工条件下，在合理劳动组织和合理使用材料条件下，完成单位合格产品所必须消耗的劳动数量标准。

人工定额可分为时间定额和产量定额两种表达方式。

$$时间定额\times产量定额=1$$

7.2　人工定额编制原则

7.2.1　平均先进水平原则

平均先进水平是指在正常施工条件下，多数班组或工人经过努力可以达到的水平。

定额消耗量越低，水平就越高。单位产品的劳动消耗与生产力水平成反比。

之所以将人工定额的水平定为平均先进水平，是因为具有平均先进水平的定额才有可能促进施工企业劳动生产力水平的提高。

7.2.2　简明适用原则

简明适用原则要求定额的内容较丰富、项目较齐全、适应性较强，能满足施工组织与管理、计算劳动报酬、工程投标报价等方面的要求，同时也要求定额简明扼要，容易为工人和业务人员所掌握。

7.3　人工定额的编制依据

人工定额的编制依据包括以下方面。

1）现行的人工定额。

2）现场测定资料。

3）现行的工程质量验收规范。

4）建筑安装工人技术等级标准。

5）建筑市场调查统计数据。

7.4　人工定额编制方法

7.4.1　拟定正常的施工条件

拟定正常的施工条件包括：工作现场对象的类别和质量要求；使用材料的名称和规格；选用的机具型号和性质；主要的施工方法和程序；劳动组织；工作地点组织等。这些条件必须适用于大多数班组，符合当前施工生产的实际情况。

7.4.2　拟定合理的劳动组织

拟定合理的劳动组织包括拟定组成人员的数量和各成员的技术等级并应遵循以下原则。

1）保证小组内所有成员都能充分担负有效的工作。

2）尽量合理地分配使用技术工人，使之工作符合技术等级的要求。

3）尽量使技术等级较低的工人在技术等级高的工人指导下工作，逐步掌握高一级的技术水平。

7.4.3　拟定工作地点的组织

在拟定工作地点组织时，要特别注意使工人在操作时不受干扰和妨碍，所使用的工具和材料应按使用顺序放置于最方便取用的地方，以减少工人疲劳和提高工作效率。应保持工作地点整洁和秩序井然，不用的工具和材料不应堆放在工作地点。

7.4.4　定额时间确定

在全面分析各种影响因素的基础上，运用技术测定资料就可以获得定额必需的各种消耗时间。将这些数据资料整理、归纳就可以计算出整个工作过程的时间定额。

定额时间包括作业时间、准备与结束时间、休息时间和不可避免的中断时间。

1. 作业时间

作业时间包括基本工作时间和辅助工作时间。

作业时间是完成产品必须消耗的主要时间，它是各种因素的集中反映，决定着整个产品的定额水平。

如果单位产品施工过程的各个组成部分与最终产品是同一计量单位，作业时间的计算公式为

$$T_1=\sum_{i=1}^{n}t_i$$

式中，T_1——单位产品作业时间；

t_i——各组成部分作业时间；

n——各组成部分的个数。

如果单位产品施工过程各组成部分的计量单位与最终产品计量单位不同，各组成部分作业时间应分别乘以相应的换算系数。计算公式为

$$T_1=\sum_{i=1}^{n}K_i\cdot t_i$$

式中，K_i——对应于t_i的换算系数。

换算系数分析：因为各种类型的计算单位之间有着不同的函数关系，无法统一规定，我们可以通过以下例子说明。

【例 7.1】 砖墙面勾缝的计量单位是 m^2。如果不采取直接测量面积的方法而是根据墙厚按体积进行换算，就会产生换算系数的问题。现设定每平方米砖墙面勾缝所需的时间为 9.6min，试求各种不同墙厚每立方米砌体勾缝所需时间。

解：（1）计算 $1m^3$ 一砖厚砖墙勾缝所需的时间。

$$每立方米砌体含墙面面积=\frac{1}{0.24\times1\times1}=4.17\ (m^2)$$

$$每立方米砌体所需勾缝时间 = 9.6 \times 4.17 = 40（\mathrm{min}）$$

（2）计算 $1\mathrm{m}^3$ 一砖半厚砖墙勾缝所需的时间。

$$每立方米砌体含墙面面积 = \frac{1}{0.365 \times 1 \times 1} = 2.74（\mathrm{m}^2）$$

$$每立方米砌体所需勾缝时间 = 9.6 \times 2.74 = 26.3（\mathrm{min}）$$

（3）计算 $1\mathrm{m}^3$ 二砖厚砖墙勾缝所需的时间。

$$每立方米砌体含墙面面积 = \frac{1}{0.49 \times 1 \times 1} = 2.04（\mathrm{m}^2）$$

$$每立方米砌体所需勾缝时间 = 9.6 \times 2.04 = 19.6（\mathrm{min}）$$

2. 准备与结束工作时间

准备与结束工作时间分为工作日和任务两种。

工作日准备与结束时间只反映一天内上班的该时间。任务准备与结束时间是对一批任务而言所需的准备与结束时间。

工作日内的准备与结束时间可以根据测定资料分析取定，也可以通过编制准备与结束时间占工作日延续时间的百分比的方式来确定。计算公式为

$$P_a = \frac{T_2' \times 100\%}{T_1'}$$

式中，P_a——工作日准备与结束时间占工作日作业时间百分比；

T_2'——工作日准备与结束时间；

T_1'——工作日作业时间。

单位产品准备与结束时间计算公式为

$$T_2 = T_1 \times P_2$$

式中，T_2——单位产品准备与结束时间；

T_1——单位产品作业时间；

P_2——单位产品准备与结束时间占单位产品作业时间百分比。

另外，任务的准备与结束时间应分摊到单位产品的时间定额里。

3. 休息时间

休息时间应该根据工作繁重程度及劳动条件而定，要根据多次观测的资料加以综合分析，拟定一个各类工作疲劳程度和应该休息的时间标准，一般以工作日必须休息时间占工作班全班延续时间的百分比表示。

工作日休息时间占工作日作业时间百分比计算公式为

$$P_b = \frac{T_3' \times 100\%}{T_1'}$$

式中，P_b——工作日休息时间占工作日作业时间的百分比；

T_3'——工作日休息时间；

T_1'——工作日作业时间。

4. 不可避免的中断时间

由于施工过程操作和组织上的各种原因所造成的不可避免的中断时间。

不可避免的中断时间占工作日作业时间百分比的计算公式为

$$P_c = \frac{T_4' \times 100\%}{T_1'}$$

式中，P_c——不可避免的中断时间占工作日作业时间的百分比；

T_4'——不可避免的中断时间；

T_1'——工作日作业时间。

单位产品不可避免的中断时间计算公式为

$$T_4 = T_1 \times P_c$$

式中，T_4——单位产品不可避免的中断时间；

T_1——单位产品作业时间；

P_c——单位产品不可避免的中断时间占单位产品作业时间的百分比。

5. 定额时间计算

人工定额的定额时间包括作业时间、准备与计算时间、休息时间、不可避免的中断时间，其计算公式为

$$N = T_1' + T_2' + T_3' + T_4' = T_1'[1 + (P_a + P_b + P_c)]$$

7.4.5 人工定额拟定举例

【例 7.2】 人工砖墙墙面抹水泥石灰砂浆项目定额拟定。

1. 计算资料

每立方米砂浆运输定额计算：

水平运输距离=地面水平 50m+底层或楼层 30m=80m。

垂直运距=20m。

运距小计：100m。

运输方法：双轮车占 80%，人力占 20%。

运输用工：双轮车每运 $1m^3$ 砂浆 0.571 工日；

人力每运 $1m^3$ 砂浆 0.725 工日。

2. 运输用工计算

0.571×80%+0.725×20%=0.602（工日）。

增加用工：考虑将砂浆运至脚手架和二次装卸，每运 $1m^3$ 砂浆增加 0.123 工日。

每立方米砂浆运输 100m 用工：0.602+0.123=0.725（工日）。

3. 六层以内垂直运输与加工计算

塔吊每次运量：200～250kg，折合 $0.11m^3$。

装卸时间：112s。

每天工作时间：400min。

底层到二层每吊运一次时间：112+47=159（s）=2.65（min）。

台班产量：$0.11\times\frac{400}{2.65}=16.6$（$m^3$）。

底层至五层每吊运一次时间：112+47+25×3=234（s）=3.9（min）。

台班产量：$0.11\times\frac{400}{3.9}=11.3$（$m^3$）。

台班吊运量在 11.3～$16.6m^3$ 之间。

小组劳动组织最多 18 人。

砂浆最大用量计算：每人每天完成 $20m^2$ 抹灰，砂浆厚度 2.5cm，砂浆用量=18×20×0.025=9.0（m^3）。

砂浆吊装次数：9.0÷0.11=81.8（次）。

机械配备人力：按一般综合施工，每天吊盘装卸砂浆用工为 1.25 工日。

每 $10m^2$ 抹灰施工$=\frac{1.25}{9.0\div0.025}\times10=0.035$（工日）。

4. 每立方米砂浆调制定额用工计算

每立方米砂浆用料：

砂子：$1m^3$。

石灰膏：$0.135m^3$。

水泥：200kg（堆积密度 $1429kg/m^3$）。

双轮车运输：

砂子：运 50m，每立方米用工 0.151 工日。

石灰膏：运 100m，每立方米用工 0.474 工日。

水泥：运 100m，每立方米用工 0.746 工日。

搅拌砂浆用工：

砂浆搅拌机台班产量为 $12m^3$，则时间定额为 1/12=0.083（工日/m^3）。

每立方米砂浆调制用工计算：

$$0.151\times1+0.474\times0.135+0.746\times\frac{200}{1429}+0.083=0.402\text{（工日）}$$

麻刀纸筋灰浆每立方米机械搅拌用工 0.588 工日，计算方法同上。

5. 人工水泥石灰砂浆抹砖墙面（$10m^2$）用工计算

（1）调制砂浆用工计算

底层、中层砂浆：每立方米砂浆调制用工 0.402 工日，底层、中层砂浆厚 2.15cm，

每平方米抹灰砂浆用量 $0.0215m^3$，每 $10m^2$ 抹灰砂浆调制用工为

$$0.402\times0.0215\times10=0.086（工日）$$

面层麻刀（纸筋）灰浆：每立方米砂浆调制用工 0.588 工日，麻刀灰浆厚 0.35cm，每平方米抹灰砂浆用量 $0.0035m^3$，每 $10m^2$ 抹灰砂浆调制用工为

$$0.588\times0.0035\times10=0.021（工日）$$

每 $10m^2$ 抹灰面的砂浆调制用工为

$$0.086+0.021=0.107（工日）$$

产量定额：1/0.107=9.35（$10m^2$/工日）。

（2）砂浆运输用工计算

$100m^2$ 运输距离。每立方米用工 0.725 工日，每 $10m^2$ 墙面砂浆用量为 $0.25m^3$，则砂浆运输用工为

$$0.725\times0.25=0.181（工日/10m^2）$$

机械垂直运输用工每 $10m^2$ 增加 0.035 工日，则砂浆运输用工为

$$0.181+0.035=0.216（工日/10m^2）$$

产量定额：1/0.216=4.63（$10m^2$/工日）。

（3）技工用工确定

根据测定资料分析：

底层：每 $10m^2$，0.191 工日。

中层：每 $10m^2$，0.298 工日。

面层：每 $10m^2$，0.086 工日。

小计：0.575 工日/$10m^2$。

产量定额：1/0.575=1.74（$10m^2$/工日）。

（4）每 $10m^2$ 水泥石灰砂浆砖墙面抹灰综合用工计算

$$调制+运输+抹灰=0.107+0.216+0.575=0.898（工日/10m^2）$$

产量定额：1/0.898=1.11（$10m^2$/工日）。

7.5　提升与导学

7.5.1　提升

1. 人的劳动创造价值

从经济学的角度来说，任何产品价值包括活劳动和物化劳动。物化劳动是生产资料的转移价值，活劳动是人们创造的新价值。所以说，人的劳动是创造价值的根本要素，因此人工定额的制定更为重要。

2. 人工费的范围

定额人工费是工程直接费用的组成部分，管理费中也有人工费，即管理人员工

资——新创造的价值，机械费中机上人员工资也是驾驶员新创造的价值等，因此，人工费的范围不只局限于定额人工费。大家想想，工程造价的哪些费用中还有劳动者新创造的价值？

3. 人工定额的数据来源

编制人工定额的数据用技术测定法（如测时法、写实记录法等）获取，最为客观与准确。但是由于操作难度和成本高的原因，新版本预算定额除了新增加的定额项目采用技术测定法获取人工消耗量数据外，较少采用该方法获取定额项目的数据。多数定额项目根据现行定额数据，采用统计分析法来确定。

7.5.2　导学

1. 人工定额的关键词理解

人工定额的关键词有“正常施工条件”“合理组织”“单位合格产品”“劳动消耗”“数量标准”等。首先要在正常施工条件、合理组织施工过程下，然后是生产单位合格产品，消耗的劳动数量标准。单位产品是指一个计量单位，如 $1m^3$、$1m^2$ 或 1kg 等的劳动产品。

标准是指以人工定额的科学、技术综合成果为基础，有关方共同使用和重复使用，促进实现科学工程管理的共同利益，由有关主管部门批准颁发的规范性文件。

2. 人工定额的水平

人工定额的水平是平均先进水平。平均先进水平是指少数工人可以超额完成、多数工人可以完成、少数工人经过努力才能完成的水平。

人工定额的水平与施工定额和企业定额的水平是一致的，也就是说编制这两种定额时，可以直接将一个人工定额项目或多个人工定额项目的消耗量数据，搬到对应的施工定额和企业定额项目之中。

3. 时间定额与产量定额

单位时间内完成产品的数量（如 m^3/工日）称为产量定额，完成单位产品所需要的时间（如工日/m^3）称为时间定额。它们之间互为倒数，即产量定额×时间定额=1。

使用产量定额便于向工人班组下达工作任务。例如，砌砖墙产量定额为 0.90m^3/工日，班组有 5 个工人，班组成员一天就要完成 0.90×5=4.50（m^3）的砌砖墙工程量。

使用时间定额便于统计完工数量，进而计算劳动报酬。例如，某施工队一天完成了墙面抹灰工程量 250.00m^2（10m^2/工日）和砌砖墙工程量 292.50m^3（0.90m^3/工日），当每个工日的劳动报酬为 200 元时，计算该施工队这天应该计算多少劳动报酬？

由于 m^2 与 m^3 不能相加，要换算为时间定额才能相加，即 250.00÷10+292.50÷0.90=350（工日），即施工队这天应该计算 350 工日的劳动报酬，350 工日×200 元/工日=70000 元。

练　习　题

一、单选题

1. 时间定额与产量定额的关系是（　　）。
   A. 时间定额是产量定额的 1/2　　B. 时间定额是产量定额的 2 倍
   C. 时间定额与产量定额没有关系　　D. 时间定额×产量定额=1
2. 作业时间是（　　）。
   A. 定额编制中的准备时间　　B. 定额编制中的中间时间
   C. 产品必须消耗的主要时间　　D. 定额编制中的结束时间

二、多选题

1. 人工定额的编写形式有（　　）。
   A. 工日定额　　B. 时间定额
   C. 计时定额　　D. 产量定额
   E. 计件定额
2. 人工定额的编制依据有（　　）。
   A. 现行的人工定额　　B. 现场测定资料
   C. 现行的清单计价规范　　D. 建筑安装工人技术等级标准
   E. 建筑市场调查统计数据
3. 拟定人工定额的作业时间包括（　　）。
   A. 开始时间　　B. 结束时间
   C. 准备时间　　D. 辅助工作时间
   E. 基本工作时间

三、简述题

1. 什么是人工定额?
2. 什么是平均先进水平原则?
3. 什么是简明适用原则?
4. 简述人工定额拟定工作地点的组织内容。

单元 8
材料消耗量定额编制

知识点：

熟悉材料消耗量定额的概念，熟悉材料消耗量定额的构成内容，熟悉材料消耗量定额编制方法，熟悉材料消耗量的理论计算法，了解现浇混凝土模板用量计算方法。

技能点：

会计算材料净用量和全部消耗量，会计算材料损耗率，会计算墙体材料消耗量，会计算屋面防水油毡卷材用量。

课程思政：

港珠澳大桥东起香港国际机场附近的香港口岸人工岛，向西横跨南海伶仃洋水域接珠海和澳门人工岛，止于珠海洪湾立交；桥隧全长 55km，其中主桥 29.6km、香港口岸至珠澳口岸 41.6km；桥面为双向六车道高速公路，设计速度 100km/h；工程项目总投资额 1269 亿元，凝聚了包括造价工程师在内全体建设者的聪明才智。港珠澳大桥是世界上最长的跨海大桥，兼具世界上最长的沉管海底隧道，它将香港、澳门、珠海三地连为一体。建设者以大国工匠的风范、用世界最大的巨型震锤来完成人工岛的建造，沟通起跨海大桥与海底隧道，用科技和勇气完成了这个奇迹工程。港珠澳大桥是一项史无前例的工程，是中国人民的骄傲！

8.1 材料消耗量定额的概念

材料消耗量定额是在正常施工条件和合理使用材料情况下，生产质量合格的单位产品所必须消耗的建筑安装材料的数量标准。

8.2　材料消耗量定额的构成

材料消耗量定额由完成单位合格产品所必须消耗的材料净用量和材料损耗量构成。

$$消耗量=净用量+损耗量$$

$$损耗率=\frac{损耗量}{消耗量}$$

$$消耗量=\frac{净用量}{1-损耗率}$$

8.3　材料消耗量定额编制方法

8.3.1　现场技术测定法

1. 计算要求与方法

采用现场技术测定法编制材料消耗量定额，首先要选择观察对象。观察对象应符合以下要求。

1）建筑构造和结构为典型工程。

2）施工符合技术规范要求。

3）材料品种和质量符合设计要求和质量验收规范要求。

4）被测定的工人在节约材料和保证产品质量方面有较好的成绩。

现场技术测定法主要适用于材料消耗量定额。

通过现场观察确定损耗率的计算方法为

$$P=\frac{N-N_0}{N}\times 100\%$$

式中，P——材料损耗率；

N——某种材料现场观察消耗量（全部消耗量）；

N_0——根据图纸计算的消耗量（净用量）。

2. 计算实例

【例 8.1】 某工程砌筑 240mm 厚灰砂标准砖墙，根据图纸计算的数量是 529.1 块/m^3，现场观察的灰砂标准砖用量是 537 块/m^3，求灰砂标准砖损耗率。

解：

$$P=\frac{N-N_0}{N}=\frac{537-529.1}{537}\times 100\%=1.5\%$$

8.3.2　试验法

试验法是在实验室内观察生产合格产品材料消耗量的方法。这种方法主要研究产品强度与材料消耗量的数量关系，以获得各种配合比，并以此为基础计算各种材料的消耗量，如测算某强度等级混凝土所需原材料消耗量。

8.3.3　统计法

统计法是以施工现场积累的分部分项工程使用材料数量、完成产品数量、完成工作后的材料剩余量等统计资料为基础，经过整理分析，计算单位产品材料消耗量的方法，其基本思路如下。

某分项工程施工时共领料 N_0，项目完工后，退回材料的数量为 ΔN，则用于该分项工程上的材料数量为

$$N = N_0 - \Delta N$$

若该产品的产量为 n，则单位产品的材料消耗量为

$$M = \frac{N}{n} = \frac{N_0 - \Delta N}{n}$$

该方法简单易行，不需要专门组织人测定或试验。

8.3.4　理论计算法

理论计算法是根据施工图和建筑构造要求，采用理论计算公式计算产品材料净用量的方法。

该方法适用于块、板类建筑材料消耗量的确定，如砖、各种板材、瓷砖、半成品配合比用量等。

1. 墙体材料消耗量计算方法

墙体砌块（砖）用量计算方法如下：

$$\text{每立方米墙体砌块（砖）净用量（块）} = \frac{1}{\text{墙厚}\times(\text{块长}+\text{灰缝厚})\times(\text{块厚}+\text{灰缝厚})}\times\text{标准块中的砌块(砖)块数}$$

$$\text{砌块(砖)消耗量（块）} = \frac{\text{砌块(砖)净用量}}{1-\text{损耗率}}$$

$$\text{每立方米墙体砂浆净用量} = 1\text{m}^3 - \text{砌块(砖)净用量}\times\text{砌块(砖)长}\times\text{砌块(砖)宽}\times\text{砌块(砖)厚}$$

$$\text{砂浆消耗量(m}^3) = \frac{\text{砂浆净用量}}{1-\text{损耗率}}$$

2. 地面防潮卷材消耗量计算

每铺 100m^2 地面，防潮卷材消耗量计算方法如下：

$$\text{防潮卷材净用量}=\frac{\text{每卷面积}\times 100}{(\text{卷材宽}-\text{长边搭接宽度})\times(\text{卷材长}-\text{短边搭接长度}\times 2)}$$

$$\text{卷材消耗量}=\frac{\text{卷材净用量}}{1-\text{损耗率}}$$

3. 屋面防水油毡卷材用量计算

屋面防水油毡卷材用量计算实例如下。

【例 8.2】 某屋面进行油毡卷材防水施工，卷材规格 0.915m×21.86m（≈20m^2），铺卷材时，长边搭接 160mm，短边搭接 110mm，损耗率 1%，求油毡卷材消耗量。

解：

$$\text{每}100\text{m}^2\text{卷材净用量}=\frac{20\text{m}^2\times 100\text{m}^2}{(0.915-0.16)\text{m}\times(21.86-0.11\times 2)\text{m}}$$

$$=122.41\text{m}^2$$

$$\text{每}100\text{m}^2\text{卷材消耗量}=\frac{122.41\text{m}^2}{1-1\%}=123.65\text{m}^2$$

4. 砖柱标准砖消耗量计算

1）矩形柱标准砖用量计算公式：

$$1\text{m}^3\text{矩形柱标准砖净用量（块）}=\frac{\text{一层的砖块数}}{\text{柱断面面积}\times(\text{砖厚}+\text{灰缝厚})}$$

$$\text{砂浆净用量}=1\text{m}^3-\text{砖净用量}\times\text{单块砖体积}$$

2）圆柱标准砖的净用量计算方法同矩形柱。

$$\text{圆柱砂浆净用量}=\frac{(\text{圆柱断面面积}+\text{竖缝长}\times\text{砖厚})\times\text{灰缝厚}}{\text{圆柱断面面积}\times(\text{砖厚}+\text{灰缝厚})}$$

5. 现浇混凝土模板用量计算

1）每立方米现浇混凝土模板一次使用量计算方法如下：

$$\text{每立方米现浇混凝土模板一次使用量}=\frac{1\text{m}^3\text{混凝土接触面积}\times\text{每平方米接触面积模板净用量}}{1-\text{制作损耗率}}$$

2）周转使用量计算方法如下：

$$\text{周转使用量}=\text{一次使用量}\times\frac{1+(\text{周转使用量}-1)\times\text{补损率}}{\text{周转次数}}$$

3）回收量计算方法如下：

$$\text{回收量}=\text{一次使用量}\times\frac{1-\text{补损率}}{\text{周转次数}}$$

4）摊销量计算方法如下：

$$\text{摊销量}=\text{周转使用量}-\text{回收量}\times\text{折旧率}$$

6. 预制混凝土构件模板用量计算

预制混凝土构件模板摊销量计算公式为

$$摊销量=\frac{一次使用量}{周转次数}$$

预制混凝土构件模板一次使用量、周转使用量、回收量同现浇混凝土模板用量计算方法。

8.4　提升与导学

8.4.1　提升

1. 材料损耗率

在很多时候根据材料净用量计算材料消耗量的公式为

$$消耗量=净用量\times(1+损耗率)$$

即

$$损耗率=\frac{损耗量}{净用量}$$

从严格意义上来说，上述计算公式是有缺陷的。

问题在于损耗率应该是损耗量与全部消耗量之比，不能是与净用量之比，因为损耗量是全部消耗量的一部分，与之相比才是完整的损耗量。

所以

$$损耗率=\frac{损耗量}{消耗量}$$

即

$$消耗量=\frac{净用量}{1-损耗率}$$

另外，书中介绍的建筑材料现场技术测定法中提及的损耗率，也是根据这个方法得出的。

不可否认，用乘法计算消耗量较为简单，但是采用的“损耗率”不是严格意义上的损耗率，即“损耗率” $=\frac{损耗量}{净用量}$。

2. 周转材料的定额消耗量

模板、脚手架等周转材料的定额消耗量是周转材料的摊销量，不是一次使用量。例如，预制混凝土构件模板定额用量为摊销量 $=\frac{模板一次使用量}{周转次数}$。

这是典型的摊销量计算方法，没有计算每周转一次后的模板补损量；实际上已经把每次的补损量与一次使用量进行了加总，然后除以周转次数即计算出摊销量。

8.4.2　导学

1. 净用量与损耗量都是定额

材料消耗量定额的计算公式如下：

材料消耗量定额=材料净用量定额+材料损耗量定额

净用量可以用理论计算法取得，但是有些材料的消耗量不太容易计算。例如，木门油漆消耗量，必须通过现场测定或者实验室测定的方法确定。损耗量一般通过现场技术测定法获取。所以，净用量和损耗量都是定额。

2. 标准块的含义

标准块是指砌体中包含灰缝且具有代表性的砖（砌块）组合块。不管什么样的砌体，只要确认砌体是用该组合块砌筑而成的，那么划分的标准块是准确的。

不管是什么砌体，都可以划分标准块。用 $1m^3$ 除以标准块体积，就得到了标准块的数量，再乘以砖（砌块）在标准块中的数量，就得到了砖（砌块）的净用量。这就是运用标准块的概念计算砖（砌块）数量的方法。

练　习　题

一、单选题

1. 预制混凝土构件模板摊销量计算公式为（　　）。

A. 摊销量 $=\dfrac{\text{一次使用量}}{\text{周转次数}}$　　B. 摊销量=使用量×周转次数

C. 摊销量=使用量-消耗量　　D. 摊销量=使用量+损耗率

2. 采用材料理论计算法计算的是材料（　　）。

A. 全部消耗量　　B. 净用量

C. 损耗量　　D. 摊销量

二、多选题

1. 材料消耗量定额正确的表达是（　　）。

A. 材料消耗量=净用量+损耗量　　B. 材料损耗率=$\dfrac{\text{损耗量}}{\text{消耗量}}$

C. 材料消耗量=$\dfrac{\text{净用量}}{1-\text{损耗率}}$　　D. 材料净用量=材料消耗量×（1-损耗率）

E. 材料净用量=材料消耗量×（1+损耗率）

2. 材料消耗量定额编制方法有（　　）。

A. 理论计算法　B. 现场技术法

C. 统计法　D. 实验法

E. 现场技术测定法

3. 采用现场技术测定法编制材料消耗量定额中观察对象应符合（　　）。

A. 建筑构造和结构为典型工程

B. 施工符合技术规范要求

C. 材料品种和质量符合设计要求和质量验收规范要求

D. 被测定的工人在节约材料和保证产品质量方面有较好的成绩

E. 计算符合统计要求

三、简述题

1. 什么是材料消耗量定额？
2. 简述材料消耗量定额的构成内容。

单元 9

机械台班定额编制

知识点：

熟悉机械台班消耗量定额的概念，熟悉机械台班消耗量定额编制方法，熟悉机械净工作 1h 生产率确定方法，熟悉混凝土搅拌机台班确定方法，熟悉水平运输机械台班确定方法，熟悉构件运输机械台班确定方法。

技能点：

会计算混凝土搅拌机台班消耗量，会计算水平运输机械台班消耗量，会计算构件运输机械台班消耗量。

课程思政：

北京大兴国际机场是拥有“三纵一横”四条跑道、总建筑面积 143 万 m^2 的综合体。该机场建设规模及速度为世界之最。其航站楼是世界规模最大的单体机场航站楼，世界最大的减隔震航站楼，全球首座双层出发、双层到达的航站楼，世界最大的无结构缝一体化航站楼，世界施工技术难度最高的航站楼。

这个超级工程只有计算出全部建筑与安装工程量，才能顺利完成招投标工作、编制施工进度计划、实施物资采购与供应管理、进行工程成本控制、完成工程结算、竣工交付使用。因此，工程量计算是一项非常重要的工作。

9.1 机械台班消耗量定额的概念

机械台班消耗量定额是在合理使用机械和合理施工组织条件下，完成单位合格产品所必须消耗的机械台班数量。

9.2　机械台班消耗量定额表达形式

机械时间定额是指在正常施工条件和合理劳动组织条件下，某种型号的机械完成合格产品所必须消耗的台班数量。

$$机械时间定额=\frac{1}{机械产量定额}$$

机械产量定额是指正常施工条件和合理劳动组织条件下，某种型号的机械在一个台班时间内必须完成合格产品的数量。

$$机械产量定额=\frac{1}{机械时间定额}$$

9.3　机械台班消耗量定额编制方法

9.3.1　拟定正常施工条件

机械正常施工条件的拟定，主要根据机械施工过程的特点和充分考虑机械性能及装置的不同要求。

（1）机械时间定额构成

机械净工作时间是指工人利用机械对劳动对象进行加工，用于完成基本操作所消耗的时间，它与完成产品的数量成正比。机械净工作时间主要包括机械有效工作时间、机械在工作循环中不可避免的无负荷时间、与操作有关的不可避免的中断时间。

机械其他工作时间包括机械定期的无负荷和定期的不可避免的中断时间、操作机械工人准备与结束工作时间不可避免的中断时间、操作机械工人休息时不可避免的中断时间。

（2）机械时间利用系数

机械时间利用系数是指机械净工作时间与工作班延续时间的比值，计算公式为

$$K_B=\frac{t}{T}$$

式中，K_B——机械时间利用系数；

t——机械净工作时间；

T——工作班延续时间。

9.3.2　非定额时间

非定额时间是指损失时间，是机械工作班内与生产产品无关的时间损失，包括多余工作时间、违反劳动纪律损失的时间、机械停工损失的时间等。

9.3.3 确定机械净工作 1h 生产率

循环动作机械净工作 1h 生产率，取决于该机械净工作 1h 的正常循环次数和每次循环产生的产品数量。计算公式为

$$N_h = n \cdot m$$

式中，N_h——机械净工作 1h 生产率；

n——机械净工作 1h 的循环次数；

m——每次循环产生的产品数量。

机械净工作 1h 正常的循环次数可由下列公式计算：

$$n = \frac{60}{t_1 + t_2 + t_3 + \cdots + t_n}$$

式中，$t_1 + t_2 + t_3 + \cdots + t_n$——一次机械循环中各种时间消耗。

机械每次循环所产生的产品数量 m，同样可以通过计时观察取得。

连续动作机械净工作 1h 生产率，主要根据机械性能来确定。计算公式为

$$N_h = \frac{m}{t}$$

式中，N_h——机械净工作 1h 生产率；

t——机械工作延续时间；

m——机械工作延续时间产生的产品数量。

9.3.4 机械台班产量

机械台班产量等于该机械净工作 1h 生产率乘以工作班延续时间，再乘以台班时间利用系数。计算公式为

$$N_{台班} = N_h \cdot T \cdot K_B$$

式中，$N_{台班}$——机械台班产量；

N_h——机械净工作 1h 生产率；

T——工作班延续时间；

K_B——台班时间利用系数。

9.3.5 混凝土搅拌机台班确定方法

在一定的后台上料设备和合理劳动组织情况下，周期式混凝土搅拌机净工作 1h 生产率计算公式为

$$N_h = \frac{3600}{t} \cdot m \cdot K_A$$

式中，m——搅拌机设计容量；

K_A——混凝土出料系数（混凝土出料体积与搅拌机设计容积的比值）；

t——混凝土搅拌机每次循环的工作延续时间。

9.3.6　水平运输机械台班确定方法

自卸载重汽车每次循环的延续时间计算公式为

$$T=\frac{2L}{V}+t_a+t_b+t_c+t_d$$

式中，L——装车地点与卸车地点的距离；

V——平均行驶速度；

t_a——装车时间；

t_b——卸车时间；

t_c——调位时间；

t_d——候装时间。

台班产量计算公式为

$$N_{台班}=N_h\cdot 8\cdot K_B$$

式中，K_B——台班时间利用系数。

9.3.7　构件运输机械台班确定方法

构件运输机械一次循环延续时间计算公式为

$$t=t_a+\frac{2L_2}{V}+t_b$$

式中，t_a——每装一车所需时间；

L_2——装车地点到卸车地点的距离；

V——平均行驶速度；

t_b——卸车时间。

台班车次计算公式为

$$E=\frac{8\cdot K_D}{t}$$

式中，E——台班车次；

K_B——台班时间利用系数；

t——每一次循环延续时间。

台班产量计算公式为

$$N_{台班}=Q\cdot K_C\cdot E$$

式中，Q——车辆时间吨位；

K_C——装载系数。

9.3.8　吊装起重机械台班确定方法

吊装起重机械与工程量、工期之间的关系表达式为

$$N=\frac{1}{T\cdot C\cdot K_B}\times\sum\frac{Q}{P}$$

式中，N——起重机台数；

T——建筑施工工期；

C——每天工作班次数；

K_B——台班时间利用系数；

Q——每种构件吊装的工程量；

P——起重机的台班产量定额。

机械净工作 1h 的正常循环次数计算公式为

$$n' = \frac{60}{t_c + t_d}$$

式中，n'——机械净工作 1h 正常循环次数；

t_c——包括起重机和安装工人小组协同工作的循环组成部分的延续时间；

t_d——起重机独立工作的循环组成部分的延续时间。

机械净工作 1h 的生产率计算公式为

$$N_h = \frac{60}{t_c + t_d} \cdot m$$

式中，m——每次吊装的数量。

台班产量计算公式为

$$N_{台班} = N_h \cdot 8 \cdot K_B$$

9.4　提升与导学

9.4.1　提升

1. 机械台班

我国的劳动制度是每天工作 8h，即一个工日按 8h 计算。机械操作人员也是每天工作 8h，所以机械工作按 8h 计算一个台班。

2. 建筑机器人如何计算台班

我国的施工企业已经使用建筑机器人建筑房屋。大家想一下，需不需要编制机器人台班定额呢？

先来看看，机械台班定额有何用？定额是施工生产管理与成本控制的工具，编制定额的目的是不断提高劳动生产率。建筑机器人从本质上来讲，也是施工生产管理和成本控制的工具，虽然机器人可以不吃不喝没有怨言一直工作，但是操作机器人的机械师需要休息，也是 8h 工作制，而且每个机械师操作机器人的效率是不同的。所以，在现阶段应编制建筑机器人台班定额，考核机器人的工作效率和机械师的工作效率，从而达到不断提升生产率水平的目的。

将来建筑机器人的智能化水平接近人的思维能力后，也需要考核智能机器人运维人员的水平，还是需要编制机器人台班定额。

9.4.2 导学

1. 非定额时间判断

凡是与产品生产无直接或间接关系的机械工作时间都是非定额时间。例如，循环工作的无负荷机械工作时间是与该产品生产间接有关的时间，所以不属于非定额时间。

2. 机械时间利用系数

机械时间利用系数是采用技术测定法，通过典型工作任务对施工机械进行现场测定和计算取得的，所以它是机械台班定额的组成部分。

练　习　题

简述题

1. 什么是机械台班消耗量定额？
2. 什么是机械非定额时间？
3. 什么是机械台班产量？
4. 简述机械时间定额构成的内容。

单元 10
企业定额编制

知识点：

熟悉企业定额的概念，熟悉企业定额的作用，熟悉企业定额编制原则，熟悉企业定额编制步骤与方法。

技能点：

会确定计量单位，会根据测定数据计算人工、材料、机械台班消耗量，能根据实测数据调整定额材料用量。

课程思政：

《营造法式》是中国古代最完善的土木建筑工程著作之一，由北宋著名建筑学家李诫编著，全书共三十四卷，由释名、制度、功限、料例和图样等五部分构成。其中，功限相当于现在的人工定额；料例相当于现在的材料消耗定额。《营造法式》中关于人工和材料消耗量定额的应用，彰显了古代劳动人民的聪明才智，也为现代研究建设工程定额的起源、理论与方法提供了宝贵的历史资料。

10.1　施工阶段企业定额

10.1.1　企业定额的概念

企业定额是指建筑安装企业以工程建设各类技术与管理规范为依据，在合理组织施工和安全操作条件下，规定消耗在单位合格产品上的人工、材料、机械台班以及货币的数量标准。

企业定额是施工企业结合自身管理和技术装备水平，在定性和定量分析资源要素，并合理配置的基础上，遵循市场经济规律，采用科学的技术测定方法编制的。它所规定的消耗量标准，一方面反映了市场经济条件下企业为市场提供单位合格产品必须达到的要素含量，另一方面也反映了施工企业工作质量和产品质量的高低，是衡量工作效率、取得劳动报酬的重要尺度。

企业定额反映了企业平均先进生产力水平。企业定额一般由人工定额、材料消耗定额和机械台班定额构成。

10.1.2　企业定额的作用

企业定额的作用是通过企业内部管理和外部经营活动体现出来的。能否发挥企业定额在内部管理和外部经营活动中以最少的劳动与物质资源的消耗，获得最大效益的作用，是施工企业在激烈的市场竞争中占领市场、掌握市场主动权的关键所在。

企业定额所规定的消耗量指标，是企业资源优化配置的反映，是企业管理水平与人员素质的体现。在以提高产品质量、缩短工期、降低产品成本和提高劳动生产率为核心的企业经营与管理中，强化企业定额的管理，实行有定额的劳动，永远是企业立于不败之地的重要保证。因此，在企业组织资源进行施工生产和经营管理中，企业定额应发挥以下作用。

1. 企业定额是编制施工组织设计和施工作业计划的依据

施工组织设计是企业全面安排和指导施工的技术经济文件，是保证施工生产顺利进行不可缺少的条件。

施工组织设计主要包括三部分内容：确定所建工程的资源需用量，拟定使用这些资源的最佳时间安排，做好施工现场的平面规划。企业定额是确定所建工程资源需用量的依据。

施工作业计划分为月作业计划和旬作业计划。无论是月计划、旬计划，都要对劳动力需用量、施工机械需用量进行平衡，都要计算材料的需用量，都要计算实物工程量、建筑安装工程产值等。这些都要以企业定额为依据编制。

2. 企业定额是项目经理部向班组签发施工任务单和限额领料单的依据

施工任务单是将施工作业计划落实到班组的执行文件，也是记录班组完成任务情况和结算劳动报酬的依据。施工任务单中完成任务的产量定额、工日数量都要根据企业定额计算。

限额领料单是随施工任务单同时签发的领取材料的凭证。这一凭证是根据企业定额中材料消耗定额填写计算的。该领料单是班组完成规定任务所消耗材料的最高限额。

3. 企业定额是贯彻经济责任制、实行按劳分配的依据

经济责任制是实行按劳分配的有力保证。按劳分配就是按劳动者的劳动数量和质量进行分配。劳动质量可折算为劳动数量，所以实质上是按劳动数量进行分配。

经济责任制是以劳动者对企业承担经济责任为前提，超额有奖，完不成定额受罚，使劳动者的个人利益与生产成果紧密联系起来。劳动者劳动成果的好坏，其客观标准以企业定额为基础。因此，企业定额是贯彻经济责任制、实行按劳分配的依据。

4. 企业定额是编制施工预算、实行成本管理的基础

施工预算是施工企业用以确定单位工程上人工、材料、机械台班消耗量以及货币量的技术经济文件。施工预算依据施工图和企业定额编制。

施工预算反映了合理的工程预算成本。通过施工预算指导班组核算和企业成本核算是控制工程实际成本的有效手段。因此，企业定额是实施成本管理的重要基础。

5. 企业定额是工程投标报价的重要基础

《建设工程工程量清单计价规范》(GB 50500) 实施以后，采用工程量清单计价方式进行招投标，投标单位可以根据国家指导定额进行投标报价，也可以根据企业定额进行投标报价。在建筑市场激烈竞争的今天，为了使自己占据有利地位，承包商采用企业定额进行投标报价，往往是决策者的首选方案。

因此，企业定额是工程投标报价的重要基础。

10.1.3 企业定额编制原则

1. 平均先进水平原则

应该明确，所编制的企业定额应达到本企业劳动生产率的平均先进水平。

定额水平是编制定额的核心问题。平均先进水平是指在正常施工条件下经过努力，多数生产者或班组能够达到或超过的水平，少数生产者或班组可以接近的水平。一般来说，它低于先进水平，而略高于平均水平。因为我们要通过执行企业定额达到提高企业生产力水平的目的，所以只有采用平均先进水平才能促进企业生产力水平的提高，才能增强企业的竞争能力。

要使企业定额达到平均先进水平，应做到以下方面。

第一，要处理好数量与质量的关系。要在生产合格产品的前提下，规定必要的资源消耗量标准。生产技术必须是成熟的并得到了推广应用的技术。产品质量必须符合现行质量及验收规范的要求。

第二，对技术测定的原始资料要进行分析整理，剔除个别、偶然、不合理的数据，尽可能使计算数据具有代表性、实践性和可靠性。

第三，要选择正常的施工条件、正确的施工方法和方案，制定的劳动组织要适用于劳动者的作业条件和有利于劳动生产率的提高。

第四，要合理选择观察对象，规定该施工过程选用的机具、设备和操作方法，明确规定原材料和构件的规格、型号、运距和质量要求。

第五，从实际出发，调整定额子目之间和水平的平衡，处理好自然条件带来的劳动生产率水平不平衡因素。

总之，在确定企业定额水平时，既要考虑本企业的实际情况，又要考虑市场竞争的环境。

2. 简明适用原则

为了能够满足组织施工生产、计算工人劳动报酬、计算工程投标报价等多种需要，企业定额应该满足简单明了、容易掌握、便于使用等要求。

企业定额的表现形式、项目划分、计量单位、工程量计算规则都应按上述要求确定。工、料、机消耗量要正确反映本企业实际的生产力水平。

3. 专业人员与群众相结合，以专业人员为主的原则

编制企业定额是一项技术性很强的工作，需要对项目进行大量现场测定和数据整理、分析，业务水平要求较高。因此，必须要由专业技术人员来完成。

工人群众是执行定额的主体，又是测定定额的对象。他们对施工生产中实际发生的各种消耗量最了解，对定额执行情况和其中的问题最清楚。所以，在编制定额过程中要注意征求他们的意见，取得工人群众的支持和配合。

贯彻专家与群众相结合，以专家为主编制定额的原则，有利于提高定额的编制质量和水平，有利于定额的贯彻执行。

10.2　根据技术测定资料编制企业定额

企业定额包括三种消耗量，即人工、材料、机械台班消耗量。

根据现场技术测定资料，采用一定的分析和计算方法，可以直接编制企业定额。下面通过地面砖装饰项目的编制实例来说明企业定额的编制过程。

10.2.1　编制步骤与方法

1. 确定计量单位

地面砖装饰项目的计量单位确定为 m^2，扩大计量单位为 $100m^2$。

2. 选择典型工程

选择有代表性的地面砖项目工程，并采用加权平均的方法计算单间装饰面积。

甲、乙、丙三项工程，铺地面砖的现场统计和测定资料如下。

1）地面砖装饰面积及房间数量见表 10.1。

表 10.1　甲、乙、丙三项工程地面砖装饰面积及房间数量

工程名称	地面砖装饰面积/m^2	装饰房间数量/间	本工程占建筑装饰工程百分比/%
甲	850	42	41
乙	764	50	53
丙	1650	5	6

2）地面砖及砂浆用量。根据现场取得的测定资料可知，地面砖尺寸为 500mm×500mm×8mm，损耗率为 2%；水泥砂浆黏结层厚 10mm，灰缝厚 1mm，砂浆损耗率均为 1.5%。

3）按甲、乙、丙工程施工图计算出应另外增加或减少的铺地面砖面积见表 10.2。

表 10.2　另外增加或减少的铺地面砖面积

工程名称	门洞开口处增加面积/m^2	附墙柱、独立柱减少面积/m^2	房间数量/间	本工程占建筑装饰工程百分比/%
甲	10.81	2.66	42	41
乙	14.23	4.01	50	53
丙	2.61	3.34	5	6

4）按现场观察资料确定的时间消耗量见表 10.3。

表 10.3　按现场观察资料确定的时间消耗量

基本用工	数量	辅助用工	数量
铺设地面砖用工	1.215 工日/$10m^2$	筛砂子用工	0.208 工日/m^3
调制砂浆用工	0.361 工日/m^3		
运输砂浆用工	0.213 工日/m^3		
运输地面砖用工	0.156 工日/$10m^2$		

5）施工机械台班量确定方法见表 10.4。

表 10.4　施工机械台班量确定方法

机械名称	台班量确定
砂浆搅拌机	按小组配置，根据小组产量确定台班量
石料切割机	每小组 2 台，按小组配置，根据小组产量确定台班量

注：铺地面砖工人小组按 12 人配置。

10.2.2　计算加权平均单间面积

根据表 10.1 计算加权平均单间面积。

$$
\begin{aligned}
\text{加权平均单间面积} &= \frac{850\text{m}^2}{42}\times 41\% + \frac{764\text{m}^2}{50}\times 53\% + \frac{1650\text{m}^2}{5}\times 6\% \\
&= 36.20\text{m}^2
\end{aligned}
$$

10.2.3　计算地面砖和砂浆用量

根据现场取得的测定资料，计算每 $100m^2$ 地面砖的块料用量和砂浆用量。

$$每100m^2地面砖的块料用量 = \frac{100m^2}{[(0.50+0.001)\times(0.50+0.001)]m^2/块}\bigg/(1-2\%)$$
$$=398.41块/98\%$$
$$=406.54块$$

$$每100m^2地面砖黏结层砂浆消耗量 = \frac{100m^2\times0.01m}{1-1.5\%}$$
$$=1.015m^3$$

$$每100m^2地面砖灰缝砂浆消耗量 = \frac{(100-0.5\times0.5\times398.41)m^2\times0.008m}{1-1.5\%}$$
$$=0.003m^3$$

每 100m^2 地面砖砂浆消耗量小计：$(1.015+0.003)m^3=1.018m^3$ 。

10.2.4　调整地面砖和砂浆用量

根据表 10.2 中数据调整铺 100m^2 地面的地面砖和砂浆用量。

企业定额中工程量计算方法为，地面砖工程量按地面净长乘以净宽计算，不扣除附墙柱、独立柱及 0.3m^2 以内孔洞所占面积，但门洞开口处面积也不增加。根据上述规定在制定企业定额时应调整地面砖和砂浆用量。

$$每100m^2地面砖块料用量 = \frac{典型工程加权平均单间面积+调整面积}{典型工程加权平均单间面积}\times每100m^2地面砖用量$$
$$=\frac{36.20+\left(\frac{10.81-2.66}{42}\times41\%+\frac{14.23-4.01}{50}\times53\%+\frac{2.61-3.34}{5}\times6\%\right)}{36.20}$$
$$\times406.54块$$
$$=\frac{36.20+(0.080+0.108-0.009)}{36.20}\times406.54块$$
$$=1.0049\times406.54块$$
$$=408.55块$$

$$每100m^2地面砖砂浆用量 = \frac{典型工程加权平均单间面积+调整面积}{典型工程加权平均单间面积}\times每100m^2砂浆用量$$
$$=1.0049\times1.018m^3$$
$$=1.023m^3$$

10.2.5　计算铺地面砖用工数量

根据表 10.3 计算铺 100m^2 地面砖的用工数量。

（1）计算基本用工

铺地面砖用工=1.215 工日/10m^2=12.15 工日/100m^2

调制砂浆用工=0.361 工日/m^3×1.023m^3/100m^2=0.369 工日/100m^2

运输砂浆用工=0.213 工日/m^3×1.023m^3/100m^2=0.218 工日/100m^2

运输地面砖用工=0.156 工日/10m^2=1.56 工日/100m^2

基本用工量小计：$(12.15+0.369+0.218+1.56)$工日/$100m^2$=14.297 工日/$100m^2$。

（2）计算辅助用工

筛砂子用工=0.208 工日/m^3×1.023m^3/$100m^2$=0.213 工日/$100m^2$

用工量小计：$(14.297+0.213)$工日/$100m^2$=14.510 工日/$100m^2$。

10.2.6 计算机械台班用量

根据表 10.4 计算铺 $100m^2$ 地面砖的台班数量。

$$\text{铺地面砖的产量定额}=\frac{1}{\text{时间定额}}=\frac{1}{14.510\text{工日}/100\text{m}^2}=6.89\text{m}^2/\text{工日}$$

$$\text{每}100\text{m}^2\text{地面砖砂浆搅拌机台班量}=\frac{1}{\text{小组总产量}}\times100\text{m}^2=\frac{1}{(6.89\times12)\text{m}^2/\text{台班}}\times100\text{m}^2=1.209\text{台班}$$

$$\text{每}100\text{m}^2\text{地面砖面料切割机台班量}=1.209\text{台班}\times2=2.418\text{台班}$$

10.3 提升与导学

10.3.1 提升

企业定额与施工定额都是施工企业使用的定额；不同的是，一个主要用于企业投标报价，一个主要用于企业内部管理，所以设置企业定额与施工定额两种定额。

这两种定额的水平是一致的，但内容有所不同。施工定额只包含人工、材料、机械台班消耗量，企业定额既包含人工、材料、机械台班消耗量，也包含基于这些消耗量的货币量。所以，企业定额包含施工定额的内容。

施工定额主要用于给班组下达施工任务单和限额领料单，不涉及钱，所以没有反映货币量。

企业定额主要用于编制投标报价、施工预算和计算分包工程的计件工资。所以，既需要反映消耗量也需要反映货币量。

10.3.2 导学

1. 企业定额与施工定额的本质特征

企业定额与施工定额的本质特征是基本一致的：定额的消耗量真正反映其水平；企业定额与施工定额的项目划分是基本一致的；项目划分的步距要适用于施工管理和成本管理等方面。

2. 预算定额项目与企业定额项目的不同点

预算定额的项目比企业定额项目的步距要大。例如，预算定额中黏土空心砖砌墙项目不区分内墙与外墙，也已经包含砌砖及 50m 以内运砖的用工；而企业定额往往将砌内墙、砌外墙、运砖列为三个不同的定额项目。

3. 预算定额与企业定额的关系

由于几个企业定额项目可以组成一个预算定额项目，所以可以依据企业定额来编制预算定额。这时将企业定额的消耗量水平（平均先进水平）降为预算定额消耗量水平（平均水平）的工作，是编制预算定额的主要工作。

4. 采用企业定额编制投标报价

由于企业定额的项目划分与招标文件的工程量清单项目划分是不一致的，所以使用企业定额报价时，需要确定如何组合几个企业定额项目，来对应完成一个清单项目的综合单价计算。这项工作在实施过程中比较烦琐，除非将预算定额消耗量水平提升为平均先进水平，那么就可以直接用于编制综合单价，计算投标报价。

练　习　题

一、单选题

1. 企业定额反映了本企业的（　　）。

A. 先进生产力水平　　B. 平均先进生产力水平

C. 平均生产力水平　　D. 一般生产力水平

2. 企业定额是编制（　　）。

A. 设计概算的依据　　B. 施工图预算的依据

C. 施工预算的依据　　D. 工程估算的依据

3. 施工预算反映了合理的（　　）。

A. 消耗量成本　　B. 工程核算成本

C. 工程概算成本　　D. 工程预算成本

二、多选题

1. 企业定额包括（　　）。

A. 资金消耗量　　B. 人工消耗量

C. 材料消耗量　　D. 机械台班消耗量

2. 企业定额所规定的消耗量指标是企业（　　）。

A. 管理水平的反映　　B. 资源优化配置的反映

C. 人员素质的反映　　D. 企业管理思想的反映
E. 企业精神的体现

3. 企业定额是编制（　　）。
A. 施工组织设计的依据
B. 施工作业计划的依据
C. 项目经理部向班组签发施工任务单的依据
D. 项目经理部向班组签发限额领料单的依据
E. 计发月工资的依据

三、简述题

1. 什么是企业定额？
2. 编制企业定额为什么要贯彻专家与群众相结合、以专家为主的原则？
3. 为什么企业定额应达到本企业劳动生产率的平均先进水平？

单元 11
预算（消耗量）定额编制

知识点：

熟悉预算（消耗量）定额的概念，熟悉预算（消耗量）定额的编制原则，熟悉预算（消耗量）定额的编制步骤，熟悉预算（消耗量）定额的编制方法。

技能点：

能确定预算定额项目的计量单位，能根据典型工程施工图及有关资料计算工程量，会计算人工消耗指标，会计算材料消耗指标，会计算机械台班消耗指标，会编制预算（消耗量）定额项目表。

课程思政：

《考工记》是我国春秋战国时期记述官营手工业各工种规范和制造工艺的文献。书中保留有先秦大量的手工业生产技术、工艺美术资料，记载了一系列的生产管理和营建制度，一定程度上反映了当时的思想观念。

《考工记》对中华工匠文化体系构建具有其独特的价值和历史意义，同时对我们构建当代中华工匠文化体系也有着极大的启示作用。研读《考工记》有利于反思传统，深入挖掘传统工匠文化精神，为中华文化的伟大复兴作出贡献；有利于展望未来，全面系统认识工匠的历史作用和生活世界，为中华未来的发展和人类进步服务。

我国从古到今都有应用定额的管理方法与先进思想，我们年轻人也要有定额编制的创新想法，为建设工程全过程工程造价管理贡献力量。

11.1　预算（消耗量）定额编制概述

11.1.1　预算（消耗量）定额的概念

预算（消耗量）定额是工程造价管理部门颁发，用于确定单位分项工程人工、材料、机械台班消耗的数量标准。

从建设工程定额的起源与表现形式来看，预算（消耗量）定额的特点是只有消耗量，没有货币量。

预算（消耗量）定额是编制施工图预算，确定工程预算造价的依据，也是编制投标报价的依据。

11.1.2　预算（消耗量）定额的编制原则

1. 平均水平原则

平均水平是指编制预算（消耗量）定额时应遵循价值规律的要求，即按生产该产品的社会必要劳动量来确定其人工、材料、机械台班消耗量。也就是说，在正常施工条件下，根据以平均的劳动强度、平均的技术熟练程度、平均的技术装备条件，完成单位合格建筑产品所需的劳动消耗量来确定预算（消耗量）定额的消耗量水平。这种以社会必要劳动量来确定定额水平的原则，就称为平均水平原则。

2. 简明适用原则

定额的简明与适用是统一体中的一对矛盾，如果只强调简明，适用性就差；如果单纯追求适用，简明性就差。因此，预算（消耗量）定额应在适用的基础上力求简明。

11.1.3　预算（消耗量）定额的编制步骤

编制预算（消耗量）定额一般分为以下三个阶段进行。

1. 准备工作阶段

1）根据工程造价主管部门的要求，组织编制预算（消耗量）定额的领导机构和专业小组。

2）拟定编制定额的工作方案，提出编制定额的基本要求，确定编制定额的原则、适用范围，确定定额的项目划分以及定额表格形式等。

3）调查研究，收集各种编制依据和资料。

2. 编制初稿阶段

1）对调查和收集的资料进行分析研究。

2）按编制方案中项目划分的要求和选定的典型工程施工图计算工程量。

3）根据取定的各项消耗指标和有关编制依据，计算分项工程定额中的人工、材料和机械台班消耗量，编制出定额项目表。

4）测算定额水平。定额初稿编制完成后，应将新编定额与原定额进行比较，测算新定额的水平。

3. 修改和定稿阶段

组织有关部门和单位讨论新编定额，将征求到的意见交编制专业小组修改定稿，并撰写送审报告，交审批机关审定。

11.2　预算（消耗量）定额编制方法

11.2.1　计量单位的确定

选择定额计量单位时应当考虑计量单位能确切地反映单位产品的工料消耗量，要有利于减少定额项目，有利于简化工程量计算。

当物体长、宽、高（或深）三个度量变化不定时，应采用 m^3 为计量单位。

当物体的三个度量中有两个度量是变量时，应采用 m^2 为计量单位。

当物体的截面形状固定，只有长度一个度量为变量时，应当采用延长米为计量单位。

若某些分项工程虽然体积或面积相同，但质量和价格的差异很大时，应当以 kg 或 t 为计量单位。

设备、建筑与安装成品与配件等分部分项工程，应采用个、组、套、台、座等计量单位。

11.2.2　确定消耗量指标

确定预算（消耗量）定额消耗指标，一般按以下步骤进行。

（1）按选定的典型工程施工图及有关资料计算工程量

计算工程量的目的是综合不同类型工程在本定额项目中实物消耗量的比例数，使定额项目的消耗量更具有广泛性、代表性。

（2）确定人工消耗量指标

预算（消耗量）定额中的人工消耗量指标是指完成该分项工程必须消耗的各种用工量，包括基本用工、材料超运距用工、辅助用工和人工幅度差。

1）基本用工指完成该分项工程的主要用工，如砌砖墙中的砌砖、调制砂浆、运砖等的用工。采用劳动定额综合预算（消耗量）定额项目时，还要增加附墙烟囱、垃圾道砌筑等的用工。

2）拟定预算（消耗量）定额项目的材料、半成品平均运距要比劳动定额中确定的平均运距远。因此在编制预算（消耗量）定额时，比劳动定额远的那部分运距，要计算超运距用工。

3）辅助用工指施工现场发生的加工材料的用工，如筛砂子、淋石灰膏的用工。这类用工在劳动定额中是单独的项目，但在编制预算（消耗量）定额时，要进行综合。

4）人工幅度差主要指在正常施工条件下，预算（消耗量）定额项目中劳动定额没有包含的因素以及预算（消耗量）定额与劳动定额的水平差，如各工种交叉作业的停歇时间，工程质量检查和隐蔽工程验收等所占的时间。

预算（消耗量）定额的人工幅度差系数一般在10%～15%之间。人工幅度差的计算公式为

$$人工幅度差=(基本用工+超运距用工+辅助用工)\times 人工幅度差系数$$

（3）材料消耗量指标的确定

预算（消耗量）定额是在劳动定额、材料消耗定额、机械台班定额的基础上综合而成的，同样其材料消耗量也要综合计算。例如，每 $10m^3$ 一砖内墙的灰砂砖和砂浆用量的计算过程如下。

1）计算 $10m^3$ 一砖内墙的灰砂砖净用量。

2）根据典型工程的施工图计算每 $10m^3$ 一砖内墙中梁头、板头所占体积。

3）扣除 $10m^3$ 砖墙体积中梁头、板头所占体积。

4）计算 $10m^3$ 一砖内墙砌筑砂浆净用量。

5）计算 $10m^3$ 一砖内墙灰砂砖和砂浆的总消耗量。

（4）机械台班消耗量指标的确定

预算（消耗量）定额中配合工人班组施工的施工机械，按工人小组的产量计算台班产量。

当分项工程的人工、材料、机械台班消耗量指标确定后，就可以着手编制预算（消耗量）定额项目表。

11.3 预算（消耗量）定额编制实例

11.3.1 典型工程的工程量计算

计算一砖厚标准砖外墙（双面混水）及墙内构件体积时选择了六个典型工程，它们分别是某住宅商品房、某希望小学、某幼儿园、某仓库、某大学综合楼、某小区超市。具体计算过程见表 11.1。

表 11.1　一砖厚标准砖外墙及墙内构件体积计算表

分部名称：砖石工程　　项目名称：砖外墙
分节名称：砌砖　　子目名称：一砖厚

序号	工程名称	砖墙体积/m^3		门窗面积/m^2		板头体积/m^3		窗台线、腰线体积/m^3		抗震柱孔/m	
		数量	%	数量	%	数量	%	数量	%	数量	m/m^3
1	某住宅商品房	657.22	26.15	220.51	7.45	11.19	1.70	2.12	0.32	112.0	0.170
2	某希望小学	298.76	11.89	184.55	12.91	6.84	2.29	1.13	0.38	78.5	0.263
3	某幼儿园	177.43	7.06	89.79	10.83	2.61	1.47	0.25	0.14	50.1	0.282
4	某仓库	511.21	20.34	120.32	5.34	1.51	0.30	0.14	0.03	41.6	0.081
5	某大学综合楼	779.08	31.00	398.12	10.92	15.05	1.93	1.88	0.24	150.1	0.193
6	某小区超市	89.52	3.56	34.09	8.37	1.08	1.21	0.21	0.23	10.9	0.122
合计		2513.22	100.00	1047.38	8.78	38.28	1.52	5.73	0.23	443.2	0.176

一砖外墙及墙内构件体积工程量计算表中门窗洞口面积占墙体总面积的百分比计算式为

$$门窗洞口面积占墙体总面积百分比=\frac{门窗面积}{砖墙体积\div墙厚+门窗面积}\times100\%$$

例如，某住宅商品房门窗洞口面积占墙体总面积百分比的计算式为

$$某住宅商品房门窗洞口面积占墙体总面积百分比=\frac{220.51}{657.22\div0.24+220.51}\times100\%=7.45\%$$

11.3.2　人工消耗量指标的确定

预算（消耗量）定额砌砖工程材料超运距计算表见表 11.2。

根据上述计算的工程量有关数据和某劳动定额计算的每 $10m^3$ 一砖外墙的预算（消耗量）定额人工消耗指标见表 11.3。

表 11.2　预算（消耗量）定额砌砖工程材料超运距计算表

材料名称	预算（消耗量）定额运距/m	人工定额运距/m	超运距/m
砂子	80	50	30
石灰膏	150	100	50
灰砂砖	170	50	120
砂浆	180	50	130

注：每砌 $10m^3$ 一砖外墙的砂子用量为 $2.43m^3$，石灰膏用量为 $0.19m^3$，水泥用量为 280kg。

表 11.3 预算（消耗量）定额人工消耗指标

子目名称：一砖外墙 单位：$10m^3$

用工	施工过程名称	工程量	单位	人工定额编号	工种	时间定额	工日数
基本用工	混水外墙	10.00	m^3	4-1-16	砖工	0.987	9.87
	窗台线、腰线	0.023	m^3	4-2 加工表	砖工	1.25	0.03
	预留抗震柱孔	1.76	m	4-2 加工表	砖工	0.05	0.09
	小计						9.99
超运距用工	砂子超运 30m	2.43	m^3	超运加工表 192	普工	0.045	0.109
	石灰膏超运 50m	0.19	m^3	超运加工表 193	普工	0.128	0.024
	灰砂砖超运 120m	10.0	m^3	超运加工表 178	普工	0.139	1.390
	砂浆超运 130m	10.0	m^3	超运加工表 178	普工	0.060	0.600
	小计						2.123
辅助用工	筛砂子	2.43	m^3	1-4-82	普工	0.111	0.270
	淋石灰膏	0.19	m^3	1-4-95	普工	0.500	0.095
	小计						0.365
合计	人工幅度差=(9.99+2.123+0.365)工日×10%=12.478 工日×10%=1.248 工日						
	定额用工=(9.99+2.123+0.365+1.248)工日=13.726 工日						

11.3.3 材料消耗量指标的确定

1）$10m^3$ 一砖外墙灰砂砖净用量。

$$\text{每}10m^3\text{砌体灰砂砖净用量}=\frac{1}{0.24\times0.25\times0.063}\times2\times10$$
$$=529.1\times10=5291(\text{块})$$

2）扣除 $10m^3$ 砌体中板头所占体积。

板头占砖墙体积的百分比为 1.52%。

扣除板头体积后的灰砂砖净用量为

$$\text{灰砂砖净用量}=5291\times(1-1.52\%)=5291\times0.9848=5211\text{（块）}$$

3）$10m^3$ 一砖内墙砌筑砂浆净用量。

$$\text{砂浆净用量}=(1-529.1\times0.24\times0.115\times0.053)\times10=2.26\text{（}m^3\text{）}$$

4）扣除板头体积后的砂浆净用量。

$$\text{砂浆净用量}=2.26\times(1-1.52\%)=2.26\times0.9848=2.226\text{（}m^3\text{）}$$

5）材料总消耗量计算。

当灰砂砖损耗率为 1%，砌筑砂浆损耗率为 1%时，计算灰砂砖和砂浆的总消耗量。

$$\text{灰砂砖总消耗量}=\frac{5211}{1-1\%}=5264\text{（块）}$$

$$\text{砂浆总消耗量}=\frac{2.226}{1-1\%}=2.248\text{（}m^3\text{）}$$

11.3.4　机械台班消耗量指标的确定

预算（消耗量）定额项目中配合工人班组施工的施工机械台班按小组产量计算。

例如，混水外墙砌砖人工定额为 1.013m³/工日，混水外墙砌砖工人小组由 22 人组成，计算 10m³ 一砖外墙的 2t 塔吊和 200L 砂浆搅拌机的台班定额。

$$\text{小组总产量}=22\times1.013$$
$$=22.29\text{（m}^3\text{/工日）}$$

$$\text{2t 塔吊时间定额}=\frac{\text{分项定额计量单位值}}{\text{小组总产量}}=\frac{10}{22.29}=0.449\text{（台班/10m}^3\text{）}$$

$$\text{200L 砂浆搅拌机时间定额}=\frac{\text{分项定额计量单位值}}{\text{小组总产量}}=\frac{10}{22.29}=0.449\text{（台班/10m}^3\text{）}$$

11.3.5　编制预算（消耗量）定额项目表

根据上述计算的人工、材料、机械台班消耗指标编制一砖厚外墙的预算（消耗量）定额项目表，如表 11.4 所示。

表 11.4　预算（消耗量）定额项目表

工程内容：略　　　　单位：10m³

定额编号			×××	×××	×××
项目		单位	外墙		
			1 砖	1.5 砖	2 砖
人工	砖工	工日	9.99		
	普工	工日	3.736		
	小计	工日	13.726		
材料	灰砂砖	块	5264		
	砂浆	m³	2.248		
机械	2t 塔吊	台班	0.449		
	200L 砂浆搅拌机	台班	0.449		

11.4　提升与导学

11.4.1　提升

1. 预算定额与消耗量定额

预算定额的最初定义是只包含生产力三要素的消耗量，不包括货币量。后来人们把包含货币量的定额也称为预算定额。

为了便于区分，把只包含消耗量的预算定额又称为消耗量定额。实质上两种称谓都表达了定额消耗量这种本质特征，所以本书中用括号的方式来表达这一意思。

2. 编制预算定额的依据

从方法和编制原则上讲，可以依据企业定额编制预算定额，也可以综合人工、材料、机械台班消耗量定额编制预算定额。在没有企业定额的条件下，往往综合要素定额来编制预算定额。

11.4.2　导学

1. 进一步认识平均先进定额水平

首先要知道，定额水平高，其消耗量相对会少，反之消耗量会高。其次要明白，平均先进水平是建立在企业生产力水平之上的，由于各企业之间生产力水平参差不齐，所以这只是企业定额的编制原则。

2. 进一步认识平均水平

首先，预算定额的平均水平是根据某一省或者某一市的建筑业劳动生产力水平确定的，因此预算定额的水平具有地区性；其次，随着建筑业采用新技术、新工艺，生产力水平在不断提升，所以每间隔五年左右要重新修编预算定额。

练　习　题

一、单选题

1. 预算（消耗量）定额的编制原则是（　　）。
   A. 先进水平　　B. 平均先进水平
   C. 平均水平　　D. 一般水平
2. 人工幅度差等于（　　）。
   A.（基本用工+超运距用工）×人工幅度差系数
   B.（基本用工+超运距用工+辅助用工）×人工幅度差系数
   C.（基本用工+辅助用工）×人工幅度差系数
   D.（超运距用工+辅助用工）×人工幅度差系数

二、多选题

1. 编制预算（消耗量）定额包括（　　）。
   A. 准备工作阶段　　B. 编制初稿阶段
   C. 修改阶段　　D. 定稿阶段
   E. 结束阶段

2. 预算（消耗量）定额是（　　）。

A. 编制施工图预算的依据　　B. 确定工程预算造价的依据

C. 编制投标报价的依据　　D. 编制概算的依据

E. 编制施工预算的依据

三、简述题

1. 什么是预算（消耗量）定额？
2. 编制预算（消耗量）定额为什么要坚持简明适用原则？

单元 12

单位估价表编制

知识点：

熟悉单位估价表的概念，了解单位估价表的分类，熟悉单位估价表的作用，熟悉人工单价的概念，熟悉人工工日单价编制方法，熟悉材料单价的概念，熟悉材料单价编制方法，熟悉机械台班单价的概念，熟悉机械台班单价编制方法，熟悉单位估价表编制方法。

技能点：

会编制人工单价，会计算材料单价，会计算机械台班单价，会编制单位估价表。

课程思政：

“交子”出现在北宋时期，是我国乃至世界上发行最早的纸币。当时的四川地区通行铁钱，铁钱值低量重，使用极为不便。当时一铜钱抵十铁钱，每千铁钱的重量，大钱 25 斤，中钱 13 斤。买一匹布需铁钱两万，重约 500 斤，要用车载。纸币比金属货币容易携带，可以在较大范围内使用，有利于商品的生产与流通。“交子”的发明促进了我国古代商品经济的发展。

12.1 概 述

12.1.1 单位估价表的概念

建筑安装工程单位估价表简称单位估价表。它规定了消耗在单位分项工程或结构构件及设备安装上的人工、材料、机械台班以货币形式反映的人工费、材料费、机械台班使用费的数量标准。

单位估价表根据预算（消耗量）定额和人工单价、材料单价、机械台班单价编制，所以既有人工和实物消耗量，又有定额基价。

12.1.2　单位估价表的分类

1. 按适用工程对象分类

按适用工程对象分类，单位估价表分为建筑工程单位估价表和安装工程单位估价表。

2. 按专业分类

按专业分类，单位估价表分为一般土建工程单位估价表、装饰工程单位估价表、市政工程单位估价表、园林古建筑工程单位估价表等。

3. 按步骤依据分类

按步骤依据分类，单位估价表分为预算定额单位估价表和补充定额单位估价表。

4. 按用途划分

按用途划分，单位估价表分为预算单位估价表和概算单位估价表。

12.1.3　单位估价表的作用

单位估价表是编制设计概算、施工图预算和工程量清单报价的依据，选择设计方案的依据，制定工程承包方案、确定承包价的依据，考核工程成本的依据，编制工程结算的依据。

12.1.4　单位估价表基价

单位估价表中的定额基价是依据预算（消耗量）定额中的人工工日、材料、机械台班的消耗量，分别乘以对应的人工单价、材料单价、机械台班单价后汇总而成的基础价格。

单位估价表的基价是确定单位分项工程直接费的单价，也称为工程单价。

单位估价表中基价的构成及编制过程见图 12.1。

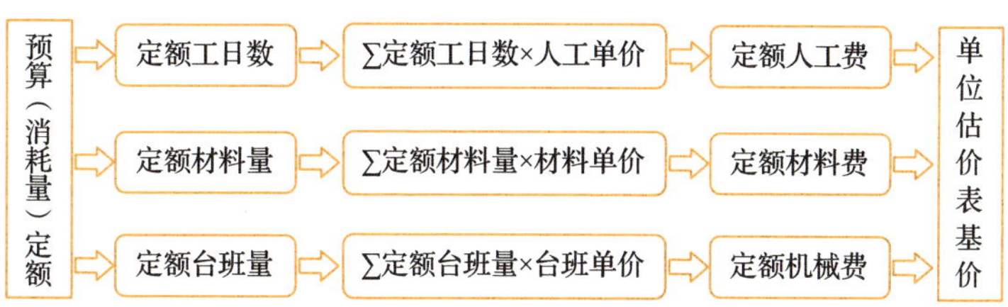

图 12.1　单位估价表中基价的构成及编制过程

12.1.5　建筑工程单位估价表编制示例

1. 预算（消耗量）定额

表 12.1 是某地区预算（消耗量）定额摘录。从表中可以看出，砌筑砖基础时，每

$10m^3$砌体需要人工 12.18 工日、M5 水泥砂浆需要 $2.36m^3$、灰浆搅拌机台班消耗量为 0.39，没有单价和基价，因此该定额为预算（消耗量）定额。

表 12.1　某地区预算（消耗量）定额摘录

工作内容：略　　　　　　　　　　　　　　　　　　　　　　　　　　计量单位：$10m^3$

定额编号			4-1	4-2
项目			砖基础	单面清水砖墙 1/2 砖
人工	综合工日	工日	12.18	21.97
材料	水泥砂浆 M5	m^3	2.36	—
	水泥砂浆 M10	m^3	—	1.95
	水泥混合砂浆 M2.5	m^3	—	—
	普通黏土砖	千块	5.236	5.641
	水	m^3	1.05	1.13
机械	灰浆搅拌机	台班	0.39	0.33

2. 单位估价表

表 12.2 是某地区建筑工程单位估价表。该表是将表 12.1 中工、料、机消耗量分别填写到表 12.2 对应位置，然后将地区人工单价、材料单价、机械台班单价填写到表中单价栏目，再将综合工日数乘以人工工日单价 189.30 元后填写到该定额项目的人工费栏目中。以此类推，计算出材料费和机械费，然后将三项费用汇总为基价 4857.54 元。

表 12.2　某地区建筑工程单位估价表

工作内容：略　　　　　　　　　　　　　　　　　　　　　　　　　　计量单位：$10m^3$

定额编号				4-1	4-2
项目				砖基础	单面清水砖墙 1/2 砖
基价		单位	单价	4857.54	6837.20
其中	人工费	元		2305.67	4158.92
	材料费	元		2522.55	2653.47
	机械费	元		29.32	24.81
人工	综合工日	工日	189.30	12.18	21.97
材料	水泥砂浆 M5	m^3	224.50	2.36	—
	水泥砂浆 M10	m^3	259.80	—	1.95
	水泥混合砂浆 M2.5	m^3	209.10	—	—
	普通黏土砖	千块	380.00	5.236	5.641
	水	m^3	2.90	1.05	1.13
机械	灰浆搅拌机	台班	75.19	0.39	0.33

通过比较可以明显看出，单位估价表不仅包含预算（消耗量）定额的全部数据，还包含货币量的全部数据。因此，计算工程造价使用最多的是单位估价表。

需要说明一点，由于国家没有颁发工程定额编制规范，各地区建设工程定额的名称没有统一。例如预算消耗量定额、单位估价表也可分别称为预算定额、计价定额。

已经了解到预算（消耗量）定额的构成要素是人工、材料、机械台班消耗量（以下简称“三量”），单位估价表是“三量”分别乘以人工、材料、机械台班单价（以下简称“三价”）后，汇总为定额基价。

当“三量”确定以后，定额基价的准确性主要取决于“三价”的准确性。因此，我们必须了解“三价”的编制方法。

12.2　人工工日单价编制

12.2.1　人工工日单价编制概述

1. 人工工日单价的概念

人工工日单价是指工人一个工作日应该得到的劳动报酬。一个工作日一般指工作 8h。

2. 人工工日单价的内容

人工工日单价一般包括基本工资、工资性津贴、养老保险费、失业保险费、医疗保险费、住房公积金等。

基本工资是指完成基本工作内容所得的劳动报酬。

工资性津贴是指流动施工津贴、交通补贴、物价补贴、煤（燃）气补贴等。

养老保险费、失业保险费、医疗保险费、住房公积金分别指工人在工作期间，企业为工人缴纳养老保险、失业保险、医疗保险、住房公积金所发生的费用。

12.2.2　人工工日单价编制方法

1. 公式法人工工日单价编制方法

公式法人工工日单价编制方法是从研究工资标准入手的。

研究工资标准的目的是确定工人非整数等级工资的计算方法，满足编制单位估价表的需求。

（1）工资标准的概念

工资标准是指工人在单位时间内（日或者月）根据不同技术等级对应的工资等级，取得的工资数额。

（2）工资等级

工资等级是指按国家或者企业有关规定，按照劳动者的技术水平、熟练程度和工作责任大小等因素划分的工资级别。

（3）工资等级系数

工资等级系数也称工资级差系数，是某一等级的工资标准与一级工工资标准的比值。

（4）等比级差工资等级系数

等比级差工资等级系数是指各等级系数之间的级差百分比相等的工资等级系数。例如，建筑工人工资标准的等比级差系数是一个公比为 1.187 的等比级差数列。

（5）建筑工人等比级差工资等级系数与工资标准

例如，某大型企业的建筑工人工资标准表见表 12.3。

表 12.3　某大型企业的建筑工人工资标准表

工资等级 n	一	二	三	四	五	六	七
工资等级系数 K_n	1.000	1.187	1.409	1.672	1.985	2.356	2.797
级差/%	—	18.7	18.7	18.7	18.7	18.7	18.7
月工资标准 F_n/元	2325	2760	3276	3887	4615	5478	6503

表 12.3 中各工资等级的等级系数为

$$K_n = 1.187^{n-1}$$

式中，n——工资等级；

K_n——n 级工资等级系数；

1.187——等比级差的公比。

（6）工资等级系数计算举例

【例 12.1】 根据公式 $K_n = 1.187^{n-1}$ 计算建筑四级工的工资等级系数。

解：

$$K_4 = 1.187^{4-1} = 1.672$$

【例 12.2】 求 4.6 级建筑工人的工资等级系数。

解：

$$K_{4.6} = 1.187^{4.6-1} = 1.854$$

还可以用插值公式计算工资等级系数：

$$K_{nm} = K_n + (K_{n+1} - K_n) \times m$$

式中，K_{nm}——$n.m$ 等级的工资等级系数，其中 n 为整数等级，m 为小数等级。

【例 12.3】 用插值计算公式和表 12.3 中等级系数，计算 4.6 级工工资等级系数。

解：

$$\begin{aligned} K_{4.6} &= 1.672 + (1.985 - 1.672) \times 0.6 \\ &= 1.672 + 0.313 \times 0.6 \\ &= 1.860 \end{aligned}$$

值得注意的是，插值公式计算出的结果是近似值。

（7）计算月工资标准

月工资标准计算公式为

$$F_n = F_1 \times K_n$$

式中，F_1——一级工工资标准；

F_n——n 级工工资标准；

K_n——n 级工工资等级系数。

【例 12.4】 已知某企业一级工月工资标准为 4395 元，三级工工资等级系数为 1.409，求三级工月工资标准。

解：

$$F_3 = 4395 \times 1.409 = 6192.56 \text{（元/月）}$$

【例 12.5】 已知 $F_1 = 4395$ 元/月，工资等级系数见表 12.3，求 $F_{4.8}$。

解：

$$\begin{aligned} K_{4.8} &= 1.672 + (1.985 - 1.672) \times 0.8 \\ &= 1.672 + 0.313 \times 0.8 \\ &= 1.922 \end{aligned}$$

$$F_{4.8} = 4395 \times 1.922 = 8447.19 \text{（元/月）}$$

或

$$K_{4.8} = 1.187^{4.8-1} = 1.918$$

$$F_{4.8} = 4395 \times 1.918 = 8429.61 \text{（元/月）}$$

说明：由于 1.922 是采用线性插值求得的，所以有误差。

（8）单位估价表中人工费计算方法

【例 12.6】 某砖工小组由 12 名工人组成，各等级的工人数及对应的工资等级如下，求小组的综合平均工资等级和工日单价。

二级工：1 人

三级工：2 人

四级工：5 人

五级工：3 人

六级工：1 人

解： 第一步，计算工人班组的综合平均工资等级。

$$\begin{aligned} \text{综合平均工资等级} &= \frac{\sum(\text{工资等级} \times \text{同等级人数})}{\text{小组总人数}} \\ &= \frac{2\times1 + 3\times2 + 4\times5 + 5\times3 + 6\times1}{12} \\ &= \frac{49}{12} = 4.08 \text{（级）} \end{aligned}$$

第二步，根据表 12.3 中数据计算 4.08 级工的工资标准。

$$\begin{aligned} \text{综合平均工资等级月工资标准 } F_{4.08} &= 2325 \times 1.187^{4.08-1} \\ &= 2325 \times 1.696 = 3943.20 \text{（元/月）} \end{aligned}$$

$$\text{工日单价} = \frac{\text{综合平均工资等级月工资标准}}{\text{月平均工作天数}}$$

$$=\frac{3943.20}{20.83}=189.30 \text{（元/工日）}$$

某砖基础项目预算定额的人工消耗量为 12.18 工日/10m^3，定额人工费为 12.18×189.30=2305.67（元/10m^3），见表 12.2。

（9）工资标准计算小结

等比级差数列的公比 1.187，较好地反映了工人技术等级与工资标准之间的客观规律。

该计算方法实用性强，只要先确定一级工工资标准和各等级的工资等级系数，就可以很方便地计算出其他各等级的工资标准。

2. 市场经济条件下人工单价编制方法

（1）根据劳务市场行情确定人工单价

目前，根据劳务市场行情确定人工单价已经成为计算工程劳务费的主流，采用这种方法确定人工单价应注意以下几个方面的问题。

一是要尽可能掌握劳动力市场价格的长期历史资料，为以后采用数学模型预测人工单价提供数据资料。

二是在确定人工单价时要考虑用工的季节性变化。当大量聘用农民工时，要考虑农忙季节时人工单价的变化。

三是在确定人工单价时要采用加权平均的方法综合各劳务市场或各劳务队伍的劳动力单价。

四是要分析拟建工程的工期对人工单价的影响。如果工期紧，那么人工单价按正常情况确定后要乘以大于 1 的系数。如果工期有延长的可能，那么也要考虑工期延长带来的风险。

根据劳务市场行情确定人工单价的数学模型描述如下：

$$\text{人工单价}=\left(\sum_{i=1}^{n}\text{某劳务市场人工单价}\times\text{权重}\right)\times\text{季节变化系数}\times\text{工期风险系数}$$

【例 12.7】 据市场调查取得的资料分析，抹灰工在劳务市场的价格分别是：甲劳务市场 205 元/工日，乙劳务市场 188 元/工日，丙劳务市场 194 元/工日。调查表明，各劳务市场可提供抹灰工的比例分别为，甲劳务市场 40%，乙劳务市场 26%，丙劳务市场 34%，当季节变化系数为 1.03，工期风险系数为 1.02 时，试计算抹灰工的人工单价。

解：

$$\begin{aligned}\text{抹灰工人工单价}&=(205\times40\%+188\times26\%+194\times34\%)\times1.03\times1.02\\&=(82+48.88+65.96)\times1.03\times1.02\\&=196.84\times1.03\times1.02\\&=206.80 \text{（元/工日）}\end{aligned}$$

（2）根据以往承包工程的情况确定

如果在本地以往承包过类似工程，可以根据以往承包工程的情况确定人工单价。

例如，以往在某地区承包过三个与拟建工程基本相同的工程，砖工每个工日支付了 185.00～195.00 元，这时就可以通过对比分析，在上述范围（或超过一定范围）内确定投标报价的砖工人工单价。

（3）根据预算定额规定的工日单价确定

凡是分部分项工程项目含有基价的预算定额，都明确规定了人工单价，可以以此为依据确定拟投标工程的人工单价。

例如，某省预算定额中建筑工人每个工日单价为 135.00 元，可以根据市场行情在此基础上乘以 1.2～1.6 的系数，确定拟投标工程的人工单价。

12.3　材料单价编制

12.3.1　材料单价的概念

材料单价是指材料从采购起运到工地仓库或堆放场地后的出库价格，一般包括原价、运杂费、采购及保管费。一般包装费已包括在原价中，不单独计算。

12.3.2　材料单价的费用构成

由于采购和供货方式不同，构成材料单价的费用也不相同，一般有以下几种。

1. 材料供货到工地现场

当材料供应商将材料供货到施工现场或施工现场的仓库时，材料单价由材料原价、采购保管费构成。

2. 在供货地点采购材料

当需要派人到供货地点采购材料时，材料单价由材料原价、运杂费、采购保管费构成。

3. 需二次加工的材料

当某些材料采购回来后，还需要进一步加工时，材料单价除了上述费用外，还包括二次加工费。

12.3.3　材料原价的确定

材料原价是指付给材料供应商的材料单价。当某种材料有两个或两个以上的材料供应商供货且材料原价不同时，要计算加权平均材料原价。

加权平均材料原价的计算公式为

$$\text{加权平均材料原价} = \frac{\sum_{i=1}^{n}(\text{材料原价} \times \text{材料数量})_i}{\sum_{i=1}^{n}(\text{材料数量})_i}$$

提示：式中 i 是指不同的材料供应商；包装费及手续费均已包含在材料原价中。

【例 12.8】 某工地所需的三星牌墙面砖由三个材料供应商供货，其数量和原价见表 12.4，试计算墙面砖的加权平均原价。

表 12.4　墙面砖数量和单价

供应商	墙面砖数量/m²	供货单价/（元/m²）
甲	1500	68
乙	800	64
丙	730	71

解：

$$\text{墙面砖加权平均原价} = \frac{68\times1500+64\times800+71\times730}{1500+800+730} = \frac{205030}{3030} = 67.67\ (\text{元}/\text{m}^2)$$

12.3.4　材料运杂费计算

材料运杂费是指在材料采购后运至工地现场或仓库所发生的各项费用，包括装卸费、运输费和合理的运输损耗费等。

材料装卸费按行业市场价支付。

材料运输费按行业运输价格计算，若供货来源地点不同且供货数量不同时，需要计算加权平均运输费，其计算公式为

$$\text{加权平均运输费} = \frac{\sum_{i=1}^{n}(\text{运输单价}\times\text{材料数量})_i}{\sum_{i=1}^{n}(\text{材料数量})_i}$$

材料运输损耗费是指在运输和装卸材料过程中，不可避免产生的损耗所发生的费用，一般按下列公式计算：

材料运输损耗费=(材料原价+装卸费+运输费)×运输损耗率

【例 12.9】 例 12.8 中墙面砖由三个地点供货，根据下列资料（表 12.5）计算墙面砖运杂费。

表 12.5　墙面砖运杂费资料

供货地点	墙面砖数量/m²	运输单价/（元/m²）	装卸费/（元/m²）	运输损耗率/%
甲	1500	1.10	0.50	1
乙	800	1.60	0.55	1
丙	730	1.40	0.65	1

解：（1）计算加权平均装卸费。

$$墙面砖加权平均装卸费=\frac{0.50\times1500+0.55\times800+0.65\times730}{1500+800+730}$$

$$=\frac{1664.5}{3030}=0.55（元/m^2）$$

（2）计算加权平均运输费。

$$墙面砖加权平均运输费=\frac{1.10\times1500+1.60\times800+1.40\times730}{1500+800+730}$$

$$=\frac{3952}{3030}=1.30（元/m^2）$$

（3）计算运输损耗费。

$$墙面砖运输损耗费=(材料原价+装卸费+运输费)\times运输损耗率$$

$$=(67.67+0.55+1.30)\times1\%$$

$$=0.70（元/m^2）$$

（4）运杂费小计。

$$墙面砖运杂费=装卸费+运输费+运输损耗费$$

$$=0.55+1.30+0.70=2.55（元/m^2）$$

12.3.5　材料采购保管费计算

材料采购保管费是指施工企业在组织采购材料和保管材料过程中发生的各项费用，包括采购人员的工资、差旅交通费、通信费、业务费、仓库保管费等。

采购保管费一般按前面计算的与材料有关的各项费用之和乘以一定的费率计算。费率通常取1%～3%。计算公式为

材料采购保管费=(材料原价+运杂费)×采购保管费率

【例 12.10】 例 12.8 中墙面砖的采购保管费率为 2%，根据例 12.8 和例 12.9 中墙面砖的两项计算结果，计算其采购保管费。

解：

$$墙面砖采购保管费=(67.67+2.55)\times2\%=70.22\times2\%=1.40（元/m^2）$$

12.3.6　材料单价确定

通过上述分析可知，材料单价的计算公式为

材料单价=加权平均材料原价+加权平均材料运杂费+采购保管费

或

材料单价=(加权平均材料原价+加权平均材料运杂费)×(1+采购保管费率)

【例 12.11】 根据例 12.8～例 12.10 计算出的结果，汇总材料单价。

解：

$$墙面砖材料单价=67.67+2.55+1.40=71.62（元/m^2）$$

12.4　机械台班单价编制

12.4.1　机械台班单价的概念

机械台班单价是指在单位工作班中为使机械正常运转所分摊和支出的各项费用。

12.4.2　机械台班单价的费用构成

按有关规定机械台班单价由七项费用构成。这些费用按其性质划分为第一类费用和第二类费用。

1. 第一类费用

第一类费用也称不变费用，是指属于分摊性质的费用，包括折旧费、大修理费、经常修理费、安拆及场外运输费等。

2. 第二类费用

第二类费用也称可变费用，是指属于支出性质的费用，包括燃料动力费、人工费、养路费及车船使用税等。

12.4.3　第一类费用计算

从简化计算的角度出发，提出以下计算方法。

1. 折旧费

折旧费计算公式为

$$台班折旧费=\frac{购置机械全部费用\times(1-残值率)}{耐用总台班}$$

其中，购置机械全部费用是指机械从购买地运到施工单位所在地发生的全部费用，包括原价、购置税、保险费及牌照费、运费等。

耐用总台班计算方法为

$$耐用总台班=预计使用年限\times年工作台班$$

机械设备的预计使用年限和年工作台班可参照有关部门指导性意见确定，也可根据实际情况自主确定。

【例 12.12】 5t 载货汽车的成交价为 75000 元，购置附加税税率 10%，运杂费 2000 元，耐用总台班 2000 个，残值率为 3%，试计算台班折旧费。

解：

$$5t载货汽车台班折旧费=\frac{[75000\times(1+10\%)+2000]\times(1-3\%)}{2000}$$

$$=\frac{81965}{2000}=40.98（元/台班）$$

2. 大修理费

大修理费是指机械设备按规定间隔一定数量台班需进行大修理以恢复正常使用功能所需支出的费用，计算公式为

$$台班大修理费=\frac{一次大修理费\times(大修理周期-1)}{耐用总台班}$$

【例 12.13】 5t 载货汽车一次大修理费为 8700 元，大修理周期为 4 个，耐用总台班为 2000 个，试计算台班大修理费。

解：

$$5t\ 载货汽车台班大修理费=\frac{8700\times(4-1)}{2000}$$
$$=\frac{26100}{2000}=13.05（元/台班）$$

3. 经常修理费

经常修理费是指机械设备除大修理外的各级保养及临时故障所需支出的费用，包括为保障机械正常运转所需替换设备，随机配置的工具、附具的摊销及维护费用，机械正常运转及日常保养所需润滑、擦拭材料费用和机械停置期间的维护保养费用等。

台班经常修理费可以用下列简化公式计算：

台班经常修理费=台班大修理费×经常修理费系数

【例 12.14】 经测算 5t 载货汽车的台班经常修理费系数为 5.41，按例 12.13 计算出的 5t 载货汽车台班大修理费计算结果，计算台班经常修理费。

解：

$$5t\ 载货汽车台班经常修理费=13.05\times5.41=70.60（元/台班）$$

4. 安拆费及场外运输费

安拆费是指机械在施工现场进行安装、拆卸所需人工、材料、机械费和试运转费，以及机械辅助设施（如行走轨道、枕木等）的折旧、搭设、拆除费用。

场外运输费是指机械整体或分体自停置地点运至施工现场或由一工地运至另一工地的运输、装卸、辅助材料以及架线费用。

该项费用在实际工作中可以采用两种方法计算。一种是当发生时在工程报价中已经计算了这些费用，那么编制机械台班单价时就不再计算。另一种是根据往年发生费用的年平均数除以年工作台班计算。计算公式为

$$台班安拆费及场外运输费=\frac{历年统计安拆费及场外运输费的年平均数}{年工作台班}$$

【例 12.15】 6t 内塔式起重机（行走式）的历年统计安拆费及场外运输费的年平均数为 9870 元，年工作台班为 280 个。试求台班安拆费及场外运输费。

解：

$$台班安拆费及场外运输费=\frac{9870}{280}=35.25（元/台班）$$

12.4.4　第二类费用计算

1. 燃料动力费

燃料动力费是指机械设备在运转中所耗用的各种燃料、电力、风力等的费用。计算公式为

台班燃料动力费=每台班耗用的燃料或动力数量×燃料或动力单价

【例 12.16】 5t 载货汽车每台班耗用汽油 31.66kg，1kg 汽油价格为 3.15 元，求台班燃料费。

解：

$$台班燃料费=31.66\times3.15 = 99.73（元/台班）$$

2. 人工费

人工费是指机上驾驶员、司炉和其他操作人员的工日工资。计算公式为

台班人工费=机上操作人员人工工日数×人工单价

【例 12.17】 5t 载货汽车每个台班的机上操作人员工日数为 1，人工单价为 35 元，求台班人工费。

解：

$$台班人工费=35\times1=35（元/台班）$$

3. 养路费及车船使用税

养路费及车船使用税是指按国家规定应缴纳的机动车养路费、车船使用税、保险费及年检费。计算公式为

$$\begin{aligned}&台班养路费及车船使用税\\&=\frac{核定吨位\times\{养路费[元/(t\cdot 月)]\times12+车船使用税[元/(t\cdot 年)]\}}{年工作台班}\\&\quad+保险费及年检费\end{aligned}$$

其中，$保险费及年检费=\dfrac{年保险费及年检费}{年工作台班}$。

【例 12.18】 5t 载货汽车每月每吨应缴纳养路费 80 元，每年应缴纳车船使用税 40 元/t，年工作台班 250 个，5t 载货汽车年保险费、年检费共计 2000 元，试计算台班养路费及车船使用税。

解：

$$\begin{aligned}台班养路费及车船使用税&=\frac{5\times(80\times12+40)}{250}+\frac{2000}{250}\\&=\frac{5000}{250}+\frac{2000}{250}\\&=20+8\\&=28（元/台班）\end{aligned}$$

12.4.5　机械台班单价计算实例

将上述 5t 载货汽车台班单价的计算过程汇总成台班单价计算表，见表 12.6。

表 12.6　机械台班单价计算表

<table>
<tr><td colspan="2">项目</td><td colspan="3">5t 载货汽车</td></tr>
<tr><td colspan="2" rowspan="2">台班单价</td><td>单位</td><td>金额</td><td>计算式</td></tr>
<tr><td>元</td><td>287.35</td><td>124.63+162.73=287.36</td></tr>
<tr><td rowspan="4">第一类费用</td><td>折旧费</td><td>元</td><td>40.98</td><td>$\frac{[75000\times(1+10\%)+2000]\times(1-3\%)}{2000}=40.98$</td></tr>
<tr><td>大修理费</td><td>元</td><td>13.05</td><td>$\frac{8700\times(4-1)}{2000}=13.05$</td></tr>
<tr><td>经常修理费</td><td>元</td><td>70.60</td><td>$13.05\times5.41=70.60$</td></tr>
<tr><td>安拆费及场外运输费</td><td>元</td><td>—</td><td>—</td></tr>
<tr><td colspan="2">小计</td><td>元</td><td>124.63</td><td></td></tr>
<tr><td rowspan="3">第二类费用</td><td>燃料动力费</td><td>元</td><td>99.73</td><td>$31.66\times3.15=99.73$</td></tr>
<tr><td>人工费</td><td>元</td><td>35</td><td>$35\times1=35$</td></tr>
<tr><td>养路费及车船使用税</td><td>元</td><td>28</td><td>$\frac{5\times(80\times12+40)}{250}+\frac{2000}{250}=28$</td></tr>
<tr><td colspan="2">小计</td><td>元</td><td>162.73</td><td></td></tr>
</table>

12.5　单位估价表编制方法

12.5.1　单位估价表表格设计

单位估价表表格设计是在预算定额（表 12.7）的基础上，增加“基价、单价、人工费、材料费、机械费”等栏目，见表 12.8。

表 12.7　预算（消耗量）定额项目表

工程内容：略　　　　单位：$10m^3$

<table>
<tr><td colspan="3">定额编号</td><td>4-1</td><td>4-2</td><td>4-3</td></tr>
<tr><td colspan="2" rowspan="2">项目</td><td rowspan="2">单位</td><td colspan="3">混合砂浆外墙</td></tr>
<tr><td>1 砖</td><td>1.5 砖</td><td>2 砖</td></tr>
<tr><td>人工</td><td>综合用工</td><td>工日</td><td>13.726</td><td></td><td></td></tr>
<tr><td rowspan="2">材料</td><td>灰砂砖</td><td>块</td><td>5264</td><td></td><td></td></tr>
<tr><td>混合砂浆</td><td>m^3</td><td>2.248</td><td></td><td></td></tr>
<tr><td rowspan="2">机械</td><td>2t 塔吊</td><td>台班</td><td>0.451</td><td></td><td></td></tr>
<tr><td>200L 砂浆搅拌机</td><td>台班</td><td>0.451</td><td></td><td></td></tr>
</table>

表 12.8　单位估价表（1）

工程内容：略　　　　单位：

定额编号						
项目						
基价		单位	单价			
其中	人工费	元				
	材料费	元				
	机械费	元				
人工						
材料						
机械						

12.5.2　在单位估价表中填入消耗量数据

将表 12.7 中的预算定额数据填入单位估价表中，见表 12.9。

表 12.9　单位估价表（2）

工程内容：略　　　　单位：$10m^3$

定额编号				4-1	4-2	4-3
项目				混合砂浆外墙		
				1 砖	1.5 砖	2 砖
基价		单位	单价			
其中	人工费	元				
	材料费	元				
	机械费	元				
人工	综合工日	工日		13.726		
材料	灰砂砖	块		5264		
	混合砂浆	m^3		2.248		
机械	2t 塔吊	台班		0.451		
	200L 砂浆搅拌机	台班		0.451		

12.5.3　拟定人工、材料、机械台班单价

如果地区工程造价行业主管部门发布了人工、材料、机械台班单价，就要按照规定

使用发布的指导价；如果没有指导价，就要按照本书中已介绍的方法拟定人工、材料、机械台班单价。

通过有关资料分析，拟定表 12.9 中的混合砂浆砌一砖厚外墙人工、材料、机械台班单价见表 12.10。

表 12.10　人工、材料、机械台班单价表

序号	名称	单位	单价
1	人工（综合）	工日	189.30 元/工日
2	灰砂砖	块	0.45 元/块
3	混合砂浆	m^3	209.10 元/m^3
4	2t 塔吊	台班	584.29 元/台班
5	200L 砂浆搅拌机	台班	82.33 元/台班

12.5.4　编制单位估价表

1. 填写人工、材料、机械台班单价

将表 12.10 中的人工、材料、机械台班单价填入表 12.11 中。

表 12.11　单位估价表（3）

工程内容：略　　　　单位：$10m^3$

定额编号				4-1	4-2	4-3
项目				混合砂浆外墙		
				1 砖	1.5 砖	2 砖
基价		单位	单价			
其中	人工费	元				
	材料费	元				
	机械费	元				
人工	综合工日	工日	189.30	13.726		
材料	灰砂砖	块	0.45	5264		
	混合砂浆	m^3	209.10	2.248		
机械	2t 塔吊	台班	584.29	0.451		
	200L 砂浆搅拌机	台班	82.33	0.451		

2. 计算基价、人工费、材料费和机械费

根据上述表格数据编制的单位估价表见表 12.12。

表 12.12　单位估价表（4）

工程内容：略　　单位：10m³

定额编号				4-1	4-2	4-3
项目				混合砂浆砌外墙		
				1 砖	1.5 砖	2 砖
基价		单位	单价	5737.84		
其中	人工费	元		2598.33		
	材料费	元		2838.86		
	机械费	元		300.65		
人工	综合工日	工日	189.30	13.726		
材料	灰砂砖	块	0.45	5264		
	混合砂浆	m^3	209.10	2.248		
机械	2t 塔吊	台班	584.29	0.451		
	200L 砂浆搅拌机	台班	82.33	0.451		

12.6　提升与导学

12.6.1　提升

1. 单位估价表的由来

最初发布的预算定额没有货币量。只有消耗量的预算定额没有定额项目的基价，为了方便套用定额计算定额直接费，就将要素价格融进了预算定额，计算出一个定额单位的分项工程项目（子目）的单价（基价），用于计算单位分项工程的定额直接费，因而称为单位估价表。

在 20 世纪 50～70 年代，预算定额与单位估价表是分离的，是两种不同的定额。

2. 单位估价表的特点

单位估价表方便套用定额后直接计算分项工程直接费，但是当要素价格发生变化时必然要调整人工、材料、机械台班价差。

12.6.2　导学

1. 采用消耗量定额与单位估价表编制施工图预算有什么不同

采用消耗量定额编制施工图预算时，需要先将单位工程的全部人工、材料、机械台班的消耗量计算出来，然后分别依据对应的单价计算出单位工程直接费。由于是采用的当前单价，所以不需要调整各种价差。由于要素单价具有时间性，采用单位估价表编制施工图预算就需要调整材料价差。

2. 要素单价的确定

在社会主义市场经济条件下，人工单价、材料单价由工程造价管理部门依据市场价格以发布指导价的方式来实施要素价格的管理。指导价是编制施工图预算、招标控制价、投标报价，以及进行工程结算等的依据。

练　习　题

一、单选题

1. 基本工资是（　　）。
   A. 工人完成基本工作内容所得的劳动报酬
   B. 工人完成辅助工作内容所得的劳动报酬
   C. 工人完成全部工作内容所得的劳动报酬
   D. 工人完成规定工作内容所得的劳动报酬
2. 研究工资标准的目的是（　　）。
   A. 简化工资计算方法
   B. 合理计算工资
   C. 准确计算工资
   D. 确定工人非整数等级工资的计算方法，满足编制单位估价表的需求

二、多选题

1. 单位估价表按专业分类分为（　　）。
   A. 某地区单位估价表　B. 安装工程单位估价表
   C. 园林古建筑工程单位估价表　D. 市政工程单位估价表
   E. 一般土建工程单位估价表
2. 工资性津贴是指（　　）。
   A. 流动施工津贴　B. 煤（燃）气补贴
   C. 独生子女补贴　D. 物价补贴
   E. 交通补贴
3. 当材料供应商将材料供货到施工现场或施工现场的仓库时材料单价包括（　　）。
   A. 材料原价　B. 采购保管费
   C. 包装费　D. 运输费
   E. 装卸费
4. 当需要派人到供货地点采购材料时材料单价包括（　　）。
   A. 材料原价　B. 运杂费

C. 采购保管费　D. 装卸费

E. 包装费

5. 当某些材料采购回来后还需要进一步加工时材料单价包括（　　）。

A. 材料原价　B. 运杂费

C. 采购保管费　D. 二次加工费

E. 包装费

6. 机械台班单价的费用构成包括（　　）。

A. 第一类费用　B. 第二类费用

C. 第三类费用　D. 第四类费用

E. 第五类费用

7. 第一类费用包括（　　）。

A. 折旧费　B. 大修理费

C. 经常修理费　D. 安拆费及场外运输费

E. 管理费

8. 第二类费用包括（　　）。

A. 燃料动力费　B. 人工费

C. 养路费　D. 车船使用税

E. 管理费

三、简述题

1. 什么是单位估价表？
2. 简述单位估价表的作用。
3. 什么是单位估价表的基价？
4. 什么是人工工日单价？
5. 人工工日单价包含哪些内容？
6. 什么是工资标准？
7. 什么是工资等级？
8. 什么是工资等级系数？
9. 什么是等比级差工资等级系数？
10. 什么是材料单价？
11. 什么是机械台班单价？
12. 什么是经常修理费？

四、计算题

1. 某工地所需的墙面砖由三个材料供应商供货，其数量和原价见表 12.13，试计算墙面砖的加权平均原价。

表 12.13　墙面砖数量和单价

供应商	墙面砖数量/m^2	供货单价（元/m^2）
甲	12500	55
乙	6800	63
丙	4730	51

2. 8t 载货汽车的成交价为 25000 元，购置附加税税率为 10%，运杂费为 5000 元，耐用总台班为 3000 个，残值率为 4%，试计算台班折旧费。

单元 13

概算定额编制

知识点：

熟悉概算定额的概念，熟悉概算定额的编制原则，了解概算定额的编制步骤，熟悉编制概算定额的预算定额项目直接综合法。

技能点：

会用预算定额项目直接综合法编制概算定额，举例说明预算定额人工、材料、机械台班及费用综合法编制砖墙概算定额项目。

课程思政：

明朝科学家宋应星撰写的《天工开物》是世界上第一部关于农业和手工业生产的综合性著作，是我国古代一部综合性的科学技术著作，外国学者称它为“中国 17 世纪的工艺百科全书”。其中蕴含的知识，是长久以来老百姓在劳动生产中发现的，凝聚了中华民族的智慧结晶。作者重视实地调查和劳动者实践经验的实事求是的科学态度，值得后人借鉴和称颂。

《天工开物》的智慧在于，它不仅是技术的记录，更是一种“以技载道”的文化基因。将这种基因注入职业教育，既能塑造学生“执着专注、追求卓越”的职业品格，也能为产业升级提供“厚基础、强实践、重创新”的人才支撑，这正是传统文化与现代教育“双向赋能”的生动体现。

13.1 概算定额概述

13.1.1 概算定额的概念

概算定额是指生产或安装一定计量单位的经扩大的分项工程、建筑工程结构构件或某种设备所需要的人工、材料、机械台班以及货币量消耗的数量标准。

概算定额是在预算定额的基础上，根据有代表性的建筑工程通用图和标准图等资料进行综合、扩大和合并而成。因此，概算定额也称为扩大结构定额。

13.1.2 概算定额的编制依据

概算定额的编制依据主要包括如下几个方面。

1）现行的设计标准、规范和施工验收规范。

2）现行的预算定额。

3）有代表性的设计图纸。

4）过去颁发的概算定额。

5）有关施工图预算和结算资料。

6）现行的人工、材料、机械台班单价。

13.1.3 概算定额的编制原则

概算定额的编制原则如下。

1）概算定额水平的确定应与预算定额的水平基本一致，必须是反映正常条件下大多数企业的设计、生产、施工管理水平。

2）概算定额的编制深度要适应设计深度的要求，项目划分应坚持简化、准确和适用的原则，以主体结构分项为主，合并其他相关部分进行适当综合扩大。

3）概算定额项目计量单位的确定应与预算定额尽量一致。

13.1.4 概算定额的内容

概算定额由文字说明和定额表两部分组成。

1）文字说明部分包括总说明和各章节说明。

在总说明中，主要对编制的依据、用途、适用范围、工程内容、有关规定、收费标准和概算造价计算方法等进行阐述。

各章节说明包括分部分项工程量计算规则、说明、定额项目的工程内容等。

2）定额表格式。

定额表表头注有本节定额的工作内容和定额的计量单位（或在表格内）。表格内有基价、人工、材料和机械台班消耗量等。

13.1.5 概算定额的编制步骤

概算定额的编制一般分为以下三个阶段。

（1）准备阶段

该阶段主要工作是确定编制机构和人员组成，开展调查研究，了解现行概算定额执行情况和出现的问题，明确编制目的，制定概算定额编制方案和确定概算定额包含的项目。

（2）编制初稿阶段

根据已经确定的概算定额编制方案和概算定额项目，收集和整理各种编制依据，对各种资料进行深入细致的测算和分析，确定各扩大分项工程项目的人工、材料、机械台班消耗量指标，编制概算定额初稿。

（3）审查定稿阶段

该阶段的主要工作是测算概算定额水平，即测算新编概算定额与原概算定额以及与现行预算定额之间的水平。测算方法包括分项目一一对应测算，以及通过编制单位工程概算以单位工程为对象进行综合测算。

概算定额经测算对比定稿后报国家或地区管理部门审批。

13.2　概算定额编制方法

13.2.1　预算定额项目直接综合法

预算定额项目直接综合法是指采用综合预算定额项目直接汇总的方法来编制概算定额。

例如，砖基础概算定额由预算定额的人工挖地槽土方（2.0m 内）、人工运土方（50m 内）、人工夯填地槽土方、M10 水泥砂浆砌砖基础等四个项目综合而成。综合计算后的不带地圈梁砖基础概算定额为 2538.51 元/10m^3，见表 13.1。

表 13.1　采用预算定额项目直接综合法编制砖基础概算定额示例

单位：10m^3

定额编号				02-001	02-002	02-003	02-004
项目				砖基础		带形基础	
				不带地圈梁	带地圈梁	毛石	混凝土
基价/元				2538.51	2760.14	2583.59	3119.92
其中	人工费/元			662.25	746.22	786.82	851.90
	材料费/元			1804.75	1916.23	1696.63	2064.60
	机械台班费/元			71.51	97.69	100.15	203.42
定额代码	综合项目	单位	单价/元	数量			
01001	人工挖土方深度 2.0m 内　普通土	100m^3	459.01	0.162	0.162	0.160	0.160
01002	人工挖土方深度 2.0m 内　坚土	100m^3	959.39	0.128	0.128	0.201	0.201
01005	人力或胶轮车运土　运距 50m 内	100m^3	377.06	0.109	0.109	0.114	0.114
01006	人力或胶轮车运土　运距每增 20m	100m^3	89.83	0.109	0.109	0.114	0.114
01011	回填土　人工夯填	100m^3	772.70	0.181	0.181	0.247	0.247
04001	砖基础［水泥砂浆，M10］	10m^3	1752.05	1.000	0.934	—	—
04028	毛石条形基础［混合砂浆 M5］	10m^3	1565.92	—	—	1.000	—
05001	带形基础　毛石混凝土［现浇 C20 砾 40］	10m^3	2199.16	—	—	—	0.250
05002	带形基础　无筋混凝土［现浇 C20 砾 40］	10m^3	2328.33	—	—	—	0.250

13.2.2　预算定额项目人工、材料、机械台班消耗量及费用综合法

预算定额人工、材料、机械台班消耗量及费用综合法是指综合预算定额项目的人工、材料、机械台班消耗量和费用为概算定额的编制方法。

例如，将砖基础预算定额中的人工挖地槽土方（2m 内）、人工运土方（50m 内）、人工夯填地槽土方、M10 水泥砂浆砌砖基础四个项目人工、材料、机械台班消耗量及费用分别汇总后填入砖基础概算定额。综合计算后的砖基础概算定额项目包含标准砖、M10 水泥砂浆、水和砂浆搅拌机的消耗量及各项单价与基价等费用。该方法编制的概算定额在表格内容形式上同预算定额，但内容上是扩大了的预算定额，见表 13.2。

表 13.2　采用预算定额人工、材料、机械台班及费用综合法编制砖基础概算定额示例

工作内容：人工挖土、人工运土 、人工回填土、水泥砂浆砌砖基础。　　单位：$10m^3$

定额编号				02-001	02-002	02-003
项目				砖基础		带形基础
				不带地圈梁	带地圈梁	混凝土
基价		元		2538.51		
其中	人工费	元		662.25		
	材料费	元		1804.75		
	机械费	元		71.51		
人工	砖工	工日	30.00	10.054		
	普工	工日	20.00	18.031		
	小计	工日	23.58	28.085		
材料	标准砖	块	0.25	5208		
	M10 水泥砂浆	m^3	207.40	2.414		
	水	m^3	2.00	1.04		
机械	200L 灰浆搅拌机	台班	88.40	0.809		

13.3　提升与导学

13.3.1　提升

1. 概算定额主要用于编制技术设计阶段的概算造价

在施工图的技术设计阶段，设计图纸包含了主要的建筑构件图和建筑构造图，没有各种大样图，还不能采用预算定额编制施工图预算。

概算定额项目的综合性，符合可以根据技术设计图纸计算主要工程量，进而计算概算造价的要求，所以概算定额主要用作技术设计阶段或者图纸不够完整时编制概算造价的依据。

2. 概算定额的消耗量指标是核心内容

概算定额一般只包含消耗量，也可以包含货币量，但不管是什么形式，其消耗量是核心内容，它体现了建造房屋的社会平均水平。

13.3.2 导学

1. 从概算定额内容了解编制方法

在概算定额的“综合项目”栏目中，可以看到综合预算定额项目的内容，了解这些内容并查找对应的预算定额项目，就能基本了解和掌握概算定额的编制方法。

2. 概算定额综合预算定额的方法

概算定额综合预算定额项目时，会遇到综合的预算定额项目定额单位不一致的情况。例如，水泥砂浆砌砖基础概算定额综合了预算定额基础防潮层项目时，要将防潮层平方米工程量换算为每立方米砖基础分摊的工程数量，即每立方米砖基础概算定额项目编制时，依据典型工程计算出的防潮层数量为 $0.18m^2$，这时需要将 $0.18m^2$ 防潮层所消耗的人工、材料、机械台班量综合到砖基础概算定额中。

练　习　题

一、单选题

1. 概算定额亦称（　　）。
   A. 估算定额　　B. 概算指标
   C. 扩大预算定额　　D. 扩大结构定额
2. 概算定额项目计量单位与（　　）。
   A. 施工定额计量单位要尽量一致
   B. 企业定额计量单位要尽量一致
   C. 人工定额计量单位要尽量一致
   D. 预算定额计量单位要尽量一致

二、多选题

1. 概算定额的编制一般分为（　　）。
   A. 准备阶段　　B. 编制初稿阶段
   C. 编制终稿阶段　　D. 初步审查阶段
   E. 审查定稿阶段
2. 概算定额编制方法有（　　）。
   A. 预算定额项目直接综合法

B. 企业定额项目直接综合法
C. 预算定额项目人工、材料、机械台班消耗量及费用综合法
D. 施工定额项目直接综合法
E. 概算指标法

三、简述题

1. 什么是概算定额？
2. 简述概算定额的编制原则。

单元 14

概算指标编制

知识点：

熟悉概算指标的概念，熟悉概算指标编制的原则，了解概算指标编制依据与步骤，熟悉概算指标编制方法。

技能点：

能依据某单项工程结算资料（网上获取或老师提供）编制各种概算指标，或者以标准施工图（网上获取或老师提供）根据预算定额或概算定额（网上获取或老师提供）计算出工程造价后，按单位建筑面积（按照表 14.1～表 14.3 格式）分析各种概算指标。

课程思政：

1962 年 4 月 17 日，雷锋在日记中写道："一个人的作用，对于革命事业来说，就如一架机器上的一颗螺丝钉。机器由于有许许多多的螺丝钉的联接和固定，才成为一个坚实的整体，才能够运转自如，发挥它巨大的工作能力。螺丝钉虽小，其作用是不可低估的。我愿永远做一个螺丝钉。螺丝钉要经常保养和清洗，才不会生锈。人的思想也是这样，要经常检查才不会出毛病。"

弘扬新时代雷锋精神，要以习近平总书记关于弘扬雷锋精神的重要论述为遵循，引导人们弘扬无私奉献、团结互助精神，自觉服务人民、奉献社会，在推动国家发展和社会文明进步、实现中华民族伟大复兴中作出贡献。

14.1 设计阶段概算指标

14.1.1 概算指标的概念

概算指标是指以整个建筑物、构筑物、设备为对象或者以扩大分项工程为对象，反映完成规定计量单位的建筑安装工程资源消耗的经济指标。

概算指标一般以建筑面积或台、套、座、万元等为计量单位，表示各种资源（人工、材料、机械台班及资金等）消耗的数量标准。概算指标是以预算定额、概算定额计算出的工程造价或已竣工工程的预（结）算资料为依据确定的。

14.1.2 概算指标的内容

概算指标一般由编制说明和指标项目组成。

1. 编制说明

编制说明主要说明概算指标的作用、编制依据、适用范围和使用方法等。

2. 指标项目

每一项概算指标项目一般由以下四个方面内容组成。

1）工程概况，一般以表格和示意图（平、剖面图）的形式说明工程的类别、规模、建筑与结构特征、水暖电等设施配置等。

2）经济指标，说明该项目每一计量单位（建筑面积或设备台套）的造价指标及其中土建、水暖、电力照明、弱电等单位工程的造价。

3）构造内容及工程量指标，说明该项目的构造内容和每一计量单位的工程量指标。

4）主要材料消耗指标，说明该项目每一计量单位（建筑面积或建筑体积或万元造价）的土建、水暖、电力照明、弱电等单位工程的各种主要材料的消耗指标。

14.1.3 概算指标编制的原则

1. 按平均水平确定概算指标的原则

在我国社会主义市场经济条件下，概算指标作为确定工程造价的依据，同样必须遵照价值规律的客观要求，必须按社会必要劳动时间进行编制，贯彻平均水平的编制原则。只有这样才能使概算指标合理确定和控制工程造价的作用得到充分发挥。

2. 简明适用原则

概算指标的内容与表现形式要贯彻简明适用的原则。

3. 有代表性原则

概算指标的编制依据必须具有代表性。

14.2 概算指标编制依据与步骤

14.2.1 概算指标的编制依据

概算指标的编制依据包括以下几个方面。

1）标准设计图纸和各类工程典型设计。

2）国家颁发的建筑标准、设计规范、施工规范等。

3）各类工程造价资料。

4）现行的概算定额和预算定额及补充定额。

5）人工单价、材料单价、机械台班单价及其他价格资料。

14.2.2 概算指标编制步骤

概算指标编制步骤具体如下。

1）成立编制小组，拟定工作方案。

2）明确编制原则和方法，确定指标的内容及表现形式。

3）确定基价所依据的人工工资单价、材料预算价格、机械台班单价。

4）收集、整理编制概算指标所必需的标准设计、典型设计及有代表性的工程设计图纸、设计预算等资料。

5）充分利用有使用价值的已经积累的工程造价资料。

6）按指标内容及表现形式的要求进行具体的计算分析，工程量尽可能利用经过审定的工程竣工结算的工程量，以及可以利用的可靠的工程量数据。

7）按基价所依据的价格要求计算综合指标，并计算必要的主要材料消耗量指标，用于调整价差的万元人工、材料、机械台班消耗指标。

8）审核、平衡分析、水平测算、审查定稿、报批。

14.3 概算指标编制方法

通过编制的概预算数据编制概算指标。

14.3.1 计算工程量

根据选择的工程设计图纸、预算定额或概算定额计算每一结构构件或分部工程的工程数量。

计算工程量的目的有两个：第一是以 $100m^2$ 为单位，换算某种类型建筑物所包含的各结构构件和分部工程工程量指标。工程量指标是概算指标中的重要内容，它详尽地说明了建筑物的结构特征，同时也规定了概算指标的适用范围。第二是计算人工、材料和机械台班的消耗量指标，计算工程的单位造价。所以计算标准设计和典型工程设计的工程量，是编制概算指标的重要环节。

14.3.2 确定人工、材料和机械台班消耗量

在计算工程量指标的基础上，确定人工、材料和机械台班的消耗量。确定的方法是按照所选择的设计图纸、现行的概预算定额、各类价格资料编制单位工程概算或预算，并将各种人工、材料和机械台班的消耗量汇总，计算人工、材料和机械台班的总消耗量。

14.3.3　计算造价指标

计算出每平方米建筑面积或单位数量设备的造价，计算出该计量单位所需要的主要人工、材料和机械台班消耗量指标。

14.3.4　分析造价费用

1）根据工程结算数据编制概算指标。

2）按要求填写工程概况和结构特征。

14.3.5　计算造价费用

分别分析单位工程的分部分项工程费、措施项目费、其他项目费、规费和税金数据。

14.3.6　汇总概算指标

按规定格式汇总为××工程概算指标。

对于经过上述编制方法确定和计算出的概算指标，要经过比较平衡、调整和水平测算以及试算修订，才能最后定稿报批。

14.4　概算指标编制示例

概算指标是以一个单项工程的结算资料为依据编制的，或者是以标准施工图根据预算定额（概算定额）计算出工程造价后，按建筑面积分析出来的各种指标。设备工程概算指标采用相同方法编制。

以××砖混结构商品房住宅竣工结算数据为依据，对各项信息和数据进行分析后，填入表 14.1～表 14.3 中，就编制出了该类工程的概算指标。

拟建工程编制概算指标时，只能选择工程概况、结构和构造特征相近的工程概算指标来估算（一般还要进行修正）。

1. 工程概况

使用概算指标有一个正确选用的问题，如使用功能“住宅”、结构类型“砖混”、建筑层数“6 层”、建筑面积“2960m^2”，新工程编制概算时，应正确选择概算指标的判定条件。只有概况基本相同的概算指标才能作为编制概算的依据。

由于人工、材料、机械台班单价具有地区性和时间性，所以要有施工地点和竣工日期信息。

2. 结构及构造特征

基础、装饰等结构及构造特征必须内容完整和准确。因为这些信息是选用概算指标的判定依据。

3. 工程造价及各项费用组成

这些费用在使用时只能作为参考。因为时间和地点的变化，人工、材料、机械台班费用和管理费等会发生变化，可以采用造价指数方法来调整这些费用，从而快速计算出概算造价。

4. 每平方米建筑面积人工、材料、机械台班消耗量指标

每平方米建筑面积工程量指标是概算指标的核心数据。因为这些实物量数据在较长时间内的不同地点都可以作为计算同类拟建工程的概算造价的数据资料。

一个单项工程较完整的人工、材料、机械台班消耗量指标乘以拟建工程的建筑面积，再根据当地当时的人工、材料、机械台班单价，计算出人工费、材料费和机械台班费，而这些费用又是根据现行规定计算管理费、利润、规费和税金的基础。所以，这些指标非常重要，具体见表 14.1～表 14.3。

表 14.1　某地区砖混结构商品房概算指标

工程名称	商品房住宅	结构类型	砖混结构	建筑层数	6 层
建筑面积	2960m^2	施工地点	××市	竣工日期	2018 年 2 月

结构及构造特征	基础	墙体	楼面	地面
	混凝土带形基础	240mm 厚标准砖墙	现浇平板、水泥砂浆面、水磨石面	混凝土地面、水泥砂浆面、水磨石面

结构及构造特征	屋面	门窗	装饰	电力照明、弱电	给排水
	水泥炉渣找坡、APP（无规聚丙烯，atactic polypropylene）改性沥青卷材防水层	外塑钢门窗、内实木门窗	混合砂浆抹内墙面、乳胶漆面、瓷砖墙裙、外墙面砖	导线塑料管暗敷、吸顶灯；电话、电视、网线、门禁系统	塑料给排水管，坐式大便器

工程造价及各项费用组成

项目		指标/（元/m^2）	其中各项费用占工程造价百分比/%								
			分部分项工程费					措施项目费	其他项目费	规费	税金
			人工费	材料费	机械台班费	管理费、利润	小计				
工程总造价		1567.83	9.00	55.52	2.15	5.25	71.92	7.84	5.78	6.20	8.26
其中	土建工程	1323.3	9.49	54.5	2.44	5.31	71.74	7.89	5.77	6.34	8.26
	给排水工程	138.12	5.85	63.33	0.65	4.55	74.38	6.96	5.39	5.01	8.26
	电力照明、弱电工程	106.41	7.03	57.97	0.48	5.48	70.96	8.34	6.44	6.00	8.26

表 14.2　每平方米建筑面积工程量指标

项目	单位	工程量	项目	单位	工程量
一、土建工程			五、水电安装工程		
1. 基础工程	m^3		1. 照明工程		
挖土方	m^3	1.642	塑料管敷设	m	0.650
砖基础	m^3	0.032	管内穿线	m	1.660
混凝土基础	m^3	0.144	灯具	套	0.124
2. 墙体工程			开关、插座	套	0.100
砖内墙	m^3	0.151	……		
砖外墙	m^3	0.203	2. 给排水工程	m	
零星砌砖	m^3	0.016	塑料给水管	m	0.136
3. 梁、板、柱工程			塑料排水管	m	0.072
现浇钢筋混凝土柱	m^3	0.050	洗脸盆、坐便器	组	0.010
现浇钢筋混凝土梁	m^3	0.068	……		
……					

表 14.3　每平方米建筑面积人工、材料、机械台班消耗量指标

项目	单位	每平方米消耗量	项目	单位	每平方米消耗量
一、定额用工	工日	7.050	石子	m^3	0.234
土建工程	工日	5.959	炉渣	m^3	0.016
水电安装工程	工日	1.091	玻璃	m^2	0.096
二、材料消耗			APP 卷材	m^2	0.443
钢筋	t	0.041	乳胶漆	kg	0.682
型钢	kg	0.72	地面砖	m^2	0.12
铁件	kg	0.002	塑料管（电力照明）	m	0.650
水泥	t	0.168	给水塑料管	m	0.136
锯材	m^3	0.021	排水塑料管	m	0.072
标准砖	千块	0.175	雨水塑料管	m	0.021
石灰	t	0.018	导线	m	1.660
砂子	m^3	0.470	……		

14.5　提升与导学

14.5.1　提升

1. 概算指标不能直接依据概预算定额编制

概算指标是依据已完工程的结算资料根据结算分析工程造价的技术经济指标编制

的，不能直接依据预算定额或者概算定额编制。

2. 概算指标主要用于编制初步设计阶段的概算造价

在施工图的初步设计阶段，图纸主要包含了建筑面积、结构类型、建筑层高和总高、基础类型与做法、楼地面做法、屋面做法、装修做法等工程信息，不能计算实体工程量，所以只能采用概算指标编制设计概算。

14.5.2　导学

1. 概算指标的正确选用是概算准确性的关键要素

由于概算指标是根据具体工程的结算资料编制的，所以拟建工程项目选用建筑面积、结构类型、建筑层高和总高、基础类型与做法、楼地面做法、屋面做法、装修做法等最接近的具体工程的概算指标项目，是概算准确的关键要素。

2. 概算指标的核心内容是消耗量

概算指标的核心内容是三大要素的消耗量指标，与表现的货币量关系不大。因为消耗量是定额水平的体现，而货币量会随着各时期各地区的单价变化而改变。

练　习　题

一、单选题

1. 概算指标是以（　　）。
   A. 一个建设项目为对象的工程结算资料为依据编制的
   B. 一个单项工程为对象的工程结算资料为依据编制的
   C. 一个单位工程为对象的工程结算资料为依据编制的
   D. 一个分部工程为对象的工程结算资料为依据编制的
2. 概算指标的编制应遵循（　　）。
   A. 简明适用原则　　B. 通用原则
   C. 适用原则　　D. 简单原则

二、多选题

1. 概算指标由（　　）组成。
   A. 编制说明　　B. 指标项目
   C. 项目名称　　D. 计量单位
2. 每一项概算指标组成内容包括（　　）。
   A. 计量单位　　B. 主要材料消耗指标
   C. 构造内容及工程量指标　　D. 经济指标

E. 工程概况

3. 概算指标编制的原则包括（　　）。

A. 按平均水平确定概算指标的原则

B. 简明适用原则

C. 有代表性原则

D. 合理性原则

E. 方便使用原则

4. 概算指标的编制依据包括（　　）。

A. 标准设计图纸和各类工程典型设计

B. 国家颁发的建筑标准、设计规范、施工规范等

C. 各类工程造价资料

D. 现行的概算定额、预算定额及补充定额

E. 企业定额

5. 概算造价费用包括（　　）。

A. 分部分项工程费　　B. 措施项目费

C. 其他项目费　　D. 规费

E. 营业税金

6. 概算编制说明主要包括（　　）。

A. 概算指标作用说明　　B. 编制依据说明

C. 适用范围说明　　D. 使用方法说明

E. 编制人说明

三、简述题

1. 什么是概算指标？

2. 编制概算指标时计算工程量的目的是什么？

单元 15

估算指标编制

知识点：

熟悉估价指标的概念，了解估价指标的作用，了解估算指标的编制步骤与方法。

技能点：

能够通过网络获取资料，编制现浇混凝土框架结构建筑物的估算指标。

课程思政：

目前，我国建筑行业已广泛普及 BIM（building information model，建筑信息模型）技术辅助工程量计算。例如，一个约 10 万 m^2 建筑面积的建筑工程，根据其建筑信息模型，用工程量计算软件，在每秒钟运行 50 亿次的普通笔记本计算机上，用约 1h 时间就可以计算出全部工程量。自动和快速计算工程量取决于三个方面的条件，一是要有一个信息量完整的建筑信息模型；二是要设计出工程量计算的程序；三是要有高速计算机来运行计算程序。我国超级计算机研制已跻身世界领先行列，完全采用国产处理器的“神威·太湖之光”以每秒 9.3 亿亿次的持续计算能力第四次蝉联全球超级计算机 500 强榜单冠军，标志着我国超算研制能力全面超越美国。该系统基于国产众核架构芯片，核心部件实现 100%自主知识产权，其峰值计算能力高达每秒 12.5 亿亿次。

作为“国之重器”，超级计算机是衡量国家科技综合实力的核心指标，也是全球战略高技术竞争的主战场。此次夺冠使中国成为首个包揽该榜单冠、亚军（“神威·太湖之光”与“天河二号”）的国家，标志着我国在尖端计算领域实现从技术追赶到全面引领的历史性跨越。

15.1　估算指标的概念

估算指标是以建设项目、单项工程、单位工程为对象，反映基建总投资及其各项费用构成的经济指标。

估算指标是确定和控制建设项目全过程各项投资支出的技术经济指标，其范围涉及建设前期、建设实施期和竣工验收、交付使用期等各个阶段的费用支出，内容因行业不同而异，一般可分为建设项目综合指标、单项工程指标两个层次。建设项目综合指标一般以项目的综合生产能力单位投资表示。单项工程指标一般以单项工程生产能力单位投资表示。

15.2　估算指标的作用

工程建设投资估算指标是编制建设项目建议书、可行性研究报告等前期工作阶段投资估算的依据，也可以作为编制固定资产长远规划投资额的参考。

投资估算指标为完成项目建设的投资估算提供依据和手段，它在固定资产的形成过程中起着投资预测、投资控制、投资效益分析的作用，是合理确定项目投资的基础。

15.3　估算指标的编制原则

投资估算指标反映的是建设项目从立项开始直至竣工结束所需的全部投资，要求投资估算指标具有较强的综合性、概括性及较高的准确性。因此在编制投资估算指标时，不仅要遵守传统的定额编制原则，还必须坚持下列原则。

1）应满足项目前期阶段的工作深度的要求。

2）应具有较强的综合性、概括性。

3）其表示的形式应做到准确、简化、易于使用。

4）选取的项目应该是近年来具有代表性的项目。

项目建设从立项开始到竣工是一个由粗到细，由浅入深的过程，在项目的前期阶段，对技术方案的设想中一些定性的概念尚难以作出定量的判断，要靠编制人员的判断能力和经验来估计确定，因此投资估算指标的编制应符合这一阶段的特点，既不能过粗，也不能过细；既能综合使用，也能分解使用；既能综合反映一个项目的全部投资及其费用构成，又能按各个单位工程的数量计算组合投资。投资估算指标在项目划分和表现形式方面，应做到准确和方便使用。

15.4　估算指标的编制依据

投资估算指标的编制是一项技术性、政策性、经济性很强的工作，必须有可靠的科学依据和政策依据，这些依据主要如下。

1）现行的设计标准、有代表性的标准设计图纸或典型工程设计图纸等。

2）国家颁布的建筑标准、设计规范、施工技术验收规范和有关技术规定。

3）现行预算定额、概算定额、补充定额和有关费用定额。

4）地区人工单价、材料单价和机械台班单价。

5）国家或地区颁布的工程造价指标。

6）工程结算资料。

15.5　估算指标的编制步骤

估算指标的编制工作涉及建设项目的产品规模、产品方案、工艺流程、设备选型、工程设计和技术经济等各个方面，既要考虑现阶段技术状况，又要展望近期技术发展趋势和设计动向，从而可以指导以后建设项目的实践。

15.5.1　准备工作

编制估算指标时应当成立专业齐全的编制小组，编制人员应具备较高的专业素质，并应制定一个包括编制原则，编制内容，项目划分，表现形式，计量单位，计算、复核、审查程序等内容的编制方案或编制细则，以便编制工作有章可循。

15.5.2　收集整理资料阶段

在投资估算指标编制工作中最重要的是基础资料的调查和收集，资料收集得越多、越广，就越有利于提高估算指标的全面性、实用性和覆盖性。因此在收集基础资料过程中，应按下列要求进行。

1）工程资料的选择应与投资估算指标编制内容有关的工程对应，包括已完工工程的概算、预算和结算等资料或在建工程的概预算资料、相关设计图纸和施工资料等。

2）工程项目的选择应具有一定的典型性和代表性，能充分体现本地区工程建设的实际情况和特点。

3）调查资料应以两个以上完整的建设项目为调查对象。

由于调查收集的资料来源不同，虽然经过一定的分析整理，但难免会由于设计方案、建设条件和建设时间上的差异使数据失准或漏项等，因此必须对有关资料进行综合平衡调整。

15.5.3　测算审查阶段

测算是将新编的指标和选定工程的概预算，在同一价格条件下进行比较，检验其“量差”的偏离程度是否在允许偏差的范围之内，如偏差过大，则要查找原因，进行修正，以保证指标的准确、实用。测算同时也是对指标编制质量进行的一次系统检查，应由专人进行，以保持测算口径的统一，在此基础上组织有关专业人员予以全面审查定稿。

15.6　估算指标编制方法

估算指标的核心内容还是算准“量”，“价”是根据使用时期的要素价格确定的。

人工、主要材料消耗量及机械使用台班是指标的核心，如何合理确定指标消耗量是编制方法研究的关键。一般采用统计分析法及实物量分析法来确定人工、材料消耗量及机械使用台班。对于给排水构筑物的综合指标则采用费用模型、回归分析法进行编制。

15.6.1　统计分析法

综合指标或分项指标的编制均应通过统计分析已建工程的投资估算、概算、预算、竣工结算等资料，列出各工程项目的主要工程量及人工、主要材料消耗量及机械使用台班。

15.6.2　实物量分析法

对于采用典型设计以及采用通用图的工程，可采用实物量分析法确定指标的消耗量。

15.7　估算指标示例

15.7.1　城市基础设施估算指标示例

城市基础设施取水单项工程估算指标见表 15.1。

表 15.1　城市基础设施取水单项工程估算指标表

<table>
<tr><td colspan="2">设计水量</td><td colspan="2">30000m³/d</td><td colspan="3"></td></tr>
<tr><td colspan="2">项目</td><td>单位</td><td>构筑物</td><td colspan="3">水量指标/（m³/d）</td></tr>
<tr><td rowspan="4">直接费</td><td>直接费合计</td><td>元</td><td>243 533</td><td colspan="3">8.12</td></tr>
<tr><td>其中：土建</td><td>元</td><td>208 442</td><td colspan="3">6.95</td></tr>
<tr><td>配管及安装</td><td>元</td><td>35 091</td><td colspan="3">1.17</td></tr>
<tr><td>设备</td><td>元</td><td></td><td colspan="3"></td></tr>
<tr><td colspan="4" rowspan="6">工艺标准、结构特征及主要设备：
墩式取水头部，采用塑料斜板除砂装置、头部为椭圆形钢柱体，其断面长轴为 2.25m，短轴为 1.07m，柱体长 3.6m，共设两个头部，通过两根管径为 500mm 的钢制虹吸管（共长 27m）将水引入虹吸水井。</td><td colspan="3">主要工料</td></tr>
<tr><td>土建人工</td><td>工日</td><td>4813</td></tr>
<tr><td>安装人工</td><td>工日</td><td>426</td></tr>
<tr><td>水泥</td><td>t</td><td>165.89</td></tr>
<tr><td>钢材</td><td>t</td><td>6.45</td></tr>
<tr><td>锯材</td><td>m³</td><td>1.81</td></tr>
</table>

续表

	主要工料		
头部石方为水下爆破施工，钢筋混凝土墩 53m^3，回填块石混凝土 500m^3，虹吸管为大开挖爆破施工	机制标砖	千块	
	砂	m^3	313
	碎（砾）石	m^3	87
	块（片）石	m^3	545
	铸铁管	t	
	铸铁管件	t	
	钢管及钢管件	t	14.77
	钢筋混凝土管	t	

15.7.2 教学楼工程估算指标示例

××市建设工程投资估算指标见表 15.2。

表 15.2 ××市建设工程投资估算指标表

一、工程概况					
工程名称	中学教学楼	工程地点	××市	建筑面积	2510m^2
层数	五层	层高	3.90m	檐高	20.85m
结构类型	框架	地耐力	180kPa	地震裂度	6 度
土建部分	地基处理		灰土挤密桩		
	基础		C20 钢筋混凝土有梁式满堂基础		
	墙体	外墙	240mm 黏土空心砖墙		
		内墙	240mm 黏土空心砖墙		
	柱		C20 钢筋混凝土矩形桩、构造柱		
	梁		C20 钢筋混凝土单梁、连续梁、悬臂梁、过梁		
	板		C20 钢筋混凝土有梁板		
	地面	垫层	混凝土垫层		
		面层	水泥砂浆、地砖面层		
	楼面		地砖面层		
	屋面		水泥膨胀珍珠岩保温层，三元丁橡胶防水卷材防水层		
	门窗		成品实木门，铝合金推拉窗		
	天棚		混合砂浆、水泥砂浆，乳胶漆		
	装饰	内墙面	混合砂浆、水泥砂浆，乳胶漆		
		外墙面	墙面贴棕色面砖		
安装部分	给排水		给水 PE 管，排水 PVC 管，蹲式大便器		
	电气照明		照明配电箱，荧光灯、吸顶灯，吊扇，半硬质塑料管暗敷，穿铜芯橡皮线、铜芯护套线，避雷网敷设		

续表

二、每平方米综合造价指标　　单位：元/m²

名称	综合指标	定额直接费				间接费	税金
		合计	人工费	材料费	机械费		
工程造价	1018.51	805.29	234.76	512.38	58.15	129.12	84.10
土建	978.72	773.20	226.74	488.78	57.68	124.71	80.81
给排水	9.07	7.29	1.88	5.38	0.03	1.03	0.75
电气照明	30.72	24.80	6.14	18.22	0.44	3.38	2.54

15.7.3　办公楼工程估算指标示例

某已建装配式混凝土结构办公楼投资估算指标见表 15.3。

表 15.3　某已建装配式混凝土结构办公楼投资估算指标表

一、工程概况

工程名称	办公楼	工程地点	××市	建筑面积	6900m²
层数	六层	层高	3.90m	檐高	24.85m
结构类型	装配式	地耐力	180kPa	地震裂度	6 度

部分	项目		做法
土建部分	基础		C25 钢筋混凝土独立基础
	墙体	外墙	预制混凝土墙
		内墙	预制混凝土墙
	柱		预制混凝土柱
	梁		预制混凝土叠合梁
	板		预制混凝土叠合板
	地面	垫层	混凝上垫层
		面层	花岗岩面层
	楼面		木地板面层
	屋面		水泥膨胀珍珠岩保温层，三元丁橡胶防水卷材防水层
	门窗		成品实木门，铝合金推拉窗
	天棚		乳胶漆
安装部分	给排水		给水 PE 管，排水 PVC 管，蹲式大便器
	电气照明		铜芯橡皮线、铜芯护套线，中央空调

二、每平方米综合造价指标　　单位：元/m²

名称	综合指标	定额直接费				间接费	税金
		合计	人工费	材料费	机械费		
工程造价	3186.40	2765.56	234.76	2390.92	139.88	154.01	266.83
土建	3126.20	2722.20	265.22	2319.05	137.93	145.87	258.13
给排水	19.15	14.43	5.71	8.10	0.62	3.14	1.58
电气照明	86.32	74.19	9.09	63.77	1.33	5.00	7.13

15.8 提升与导学

15.8.1 提升

1. 估算指标的适用范围

估算指标是依据工程决算资料，针对一个建设项目或者单项工程编制的。对于同类型建设项目具有一定的参考价值，估算的工程造价是相对的。估算指标适合项目可行性研究阶段采用。

2. 估算指标内容范围

一般估算指标不仅包含建筑安装费用，还包含设备购置费、建设单位管理费等，包含了建设项目投资全部费用。

15.8.2 导学

1. 估算指标的编制依据

估算指标主要依据工程决算资料编制。

2. 估算指标的局限性

估算指标的指向性报价明确，只能对建设规模基本相同、产品一致、同一地区等客观条件基本相同的建设项目进行投资额的有效估算。

练　习　题

一、单选题

1. 估算指标的核心内容还是要算准（　　）。

   A. 量　　B. 价　　C. 费用　　D. 工程量

2. 对于采用典型设计以及采用通用图的工程（　　）。

   A. 可采用实物量分析法确定估算指标的消耗量

   B. 可采用价值量分析法确定估算指标的消耗量

   C. 可采用统计量分析法确定估算指标的消耗量

   D. 可采用结算量分析法确定估算指标的消耗量

二、多选题

1. 估算指标的编制原则包括（　　）。
   A. 应满足项目前期阶段的工作深度的要求
   B. 应具有较强的综合性、概括性
   C. 其表示的形式应做到准确、简化、易于使用
   D. 选取的项目应该是近年来具有代表性的项目
   E. 应采用立方米为单位
2. 投资估算指标编制依据包括（　　）。
   A. 现行的设计标准、有代表性的标准设计图纸或典型工程设计图纸等
   B. 国家颁布的建筑标准、设计规范、施工技术验收规范和有关技术规定
   C. 现行预算定额、概算定额、补充定额和有关费用定额
   D. 地区人工单价、材料单价和机械台班单价
   E. 现行的企业定额

三、简述题

1. 什么是估算指标？
2. 简述估算指标的作用。

Ⅲ 实训篇

单元 16

建设工程定额编制实训

知识点：

认识钢管脚手架，熟悉钢管脚手架构造，熟悉钢管脚手架企业是项目材料消耗量计算方法，熟悉砖墙面抹灰企业定额项目材料消耗量计算方法。

技能点：

能区分单排脚手架与双排脚手架，会计算钢管脚手架企业定额项目材料消耗量，会计算砖墙面抹灰企业定额项目材料消耗量。

课程思政：

《中华人民共和国教育法》指出，“教育必须为社会主义现代化建设服务、为人民服务，必须与生产劳动和社会实践相结合，培养德智体美劳全面发展的社会主义建设者和接班人。”教学中要始终把“立德”放在首位。立德才能树人，才能培养出为社会主义现代化建设服务、为人民服务的接班人。

“实事求是、不弄虚作假”是从事工程造价行业人员的职业道德规范。《中华人民共和国招标投标法实施条例》第七十二条规定：“评标委员会成员收受投标人的财物或者其他好处的，没收收受的财物，处 3000 元以上 5 万元以下的罚款，取消担任评标委员会成员的资格，不得再参加依法必须进行招标的项目的评标；构成犯罪的，依法追究刑事责任。”

16.1　钢管脚手架企业定额项目编制实例

16.1.1　认识钢管脚手架

1. 钢管脚手架的类型

脚手架是指建筑工程施工中堆放材料和工人进行操作的临时设施。

按脚手架搭设位置不同分为外脚手架和内脚手架；按其所用材料不同分为木脚手架、竹脚手架、钢管脚手架；按其构造形式不同分为门式、桥式、悬挑式、挂式、爬升式脚手架等。

目前工程施工中主要使用的是钢管脚手架，房屋建筑中扣件式钢管脚手架（图 16.1）较多使用，而桥梁工程中以碗扣式钢管脚手架（图 16.2）为主。

图 16.1　扣件式钢管脚手架

图 16.2　碗扣式钢管脚手架

2. 钢管与配件

（1）钢管

脚手架钢管应采用国家标准《直缝电焊钢管》（GB/T 13793—2016）或《低压流体输送用焊接钢管》（GB/T 3091—2015）中规定的 Q235 普通钢管，型号宜采用 Φ48.3mm×3.6mm，见图 16.3。脚手架钢管刷防锈漆见图 16.4。

图 16.3　Φ48.3mm×3.6mm 脚手架钢管

图 16.4　脚手架钢管刷防锈漆

（2）扣件

钢管脚手架扣件包括十字（直角）扣件（图 16.5、图 16.6）、旋转扣件（图 16.7、图 16.8）、一字扣件（图 16.9、图 16.10）、底座（图 16.11、图 16.12）等。

图 16.5　十字（直角）扣件

图 16.6　十字扣件固定相互垂直钢管

图 16.7　旋转扣件

图 16.8　旋转扣件固定非垂直钢管

图 16.9　一字扣件

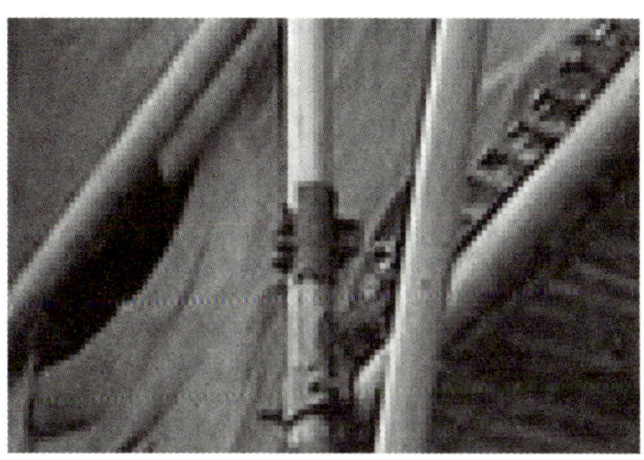

图 16.10　一字扣件连接两根钢管或接长钢管

图 16.11　钢管脚手架底座

图 16.12　钢管脚手架底座使用示意图

3. 钢管脚手架构造

钢管脚手架构造示意图见图 16.13。

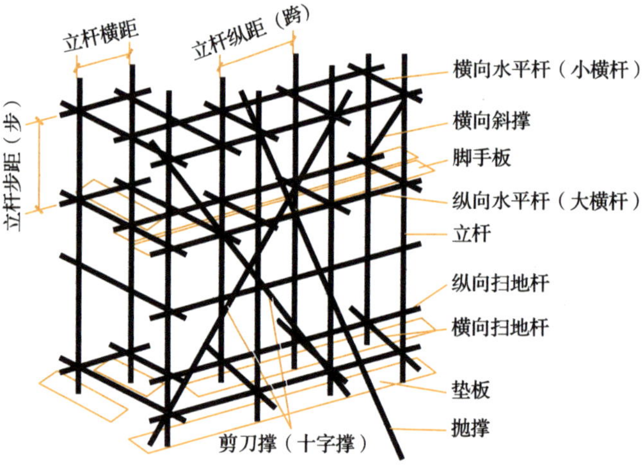

图 16.13　钢管脚手架构造示意图

16.1.2　钢管脚手架计算实例中的有关数据

1. 脚手架材料使用寿命

钢管（Φ48.3mm×3.6mm）	180 个月
扣件	120 个月
底座	180 个月
安全网	一次
架板	42 个月
缆风绳	42 个月
缆风桩	42 个月
防锈漆	180 个月
溶剂油	180 个月

2. 材料损耗率

钢管	4%
防锈漆	3%
8#铁丝	2%
溶剂油	4%
铁钉	2%
缆风绳	5%

3. 脚手架一次使用期确定

依附斜道 5m 以内	2 个月
脚手架及斜道 15m 以内	6 个月
脚手架及斜道 24m 以内	7 个月
脚手架及斜道 30m 以内	8 个月
脚手架及斜道 50m 以内	12 个月

4. 脚手架柱间距、步高

钢管立杆间距	2m
步高	1.3m

5. 外脚手架及相应平台高度取定

取定高度为檐口高度：

$$架高=檐口高度+1.5m$$

6. 脚手架使用残值

钢管	10%	架板	5%
扣件	5%	缆风桩	10%
底座	5%	缆风绳	10%
垫木	10%		

7. 脚手架材料摊销公式

$$摊销量=\frac{单位一次使用量\times(1-残值率)}{耐用期\div一次使用期}$$

16.1.3　单排钢管脚手架搭设要求

1）项目名称：单排钢管脚手架（高 15m 以内）。

2）定额单位：100m^2。

3）脚手架取定高度：13m。

4）脚手架构造。

① 步距：1.3m。

② 挑距：1.2m。

③ 柱距：2m。

④ 搭设要求。脚手架连墙点采用刚性连接，每跨 3 步设一点，横向水平杆入墙内 20cm；剪力撑每隔 10m 设一副，每副跨 8 步，共设 8 副。

5）采用钢管规格：Φ48.3mm×3.6mm。

6）脚手架搭设的墙面面积：

$$(50+15)\times 2\times 13=1690\ (\mathrm{m}^2)$$

脚手架示意图见图 16.14。

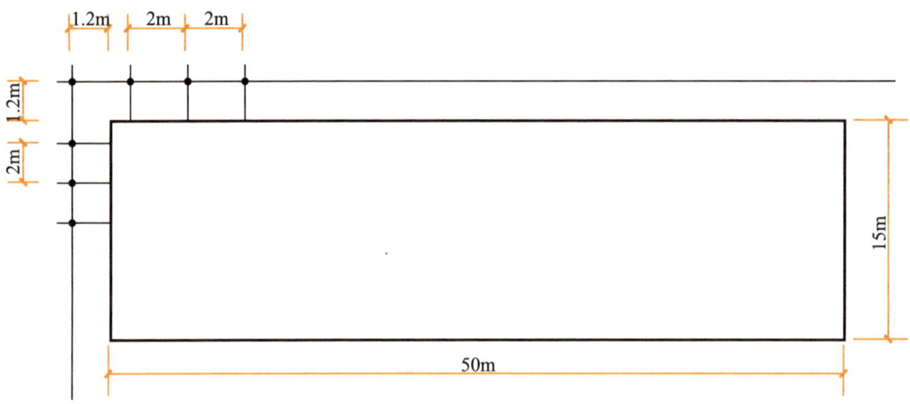

图 16.14　脚手架示意图

16.1.4　钢管脚手架材料用量计算

1. 杆件计算

1）立杆。

$$根数=4(角)+\left[\left(\frac{50}{2}+1\right)+\left(\frac{15}{2}+1\right)\right]\times 2$$

$$=74\ (根)$$

$$长度=74\times[13+1.5(操作层高)]$$

$$=1073\ (\mathrm{m})$$

2）大横杆。

$$根数=13\div 1.3+1(扫地杆)=11\ (根)$$

$$长度=11(根)\times(50+1.2\times 2+0.2\times 2+15+1.2\times 2+0.2\times 2)\times 2(边)$$

$$=11\times 141.2$$

$$=1553.2\ (\mathrm{m})$$

3）小横杆。

$$层数=13\div 1.3+1(扫地杆)=11\ (层)$$

$$
\begin{aligned}
长度 &= 11(层)\times 74(根)\times(1.2+0.2\times 2)\\
&= 11\times 74\times 1.6\\
&= 1302.4\text{（m）}
\end{aligned}
$$

4）剪刀撑。

$$
\begin{aligned}
每副长 &= 1.3\times 8(步)\times 1.4142\times 2(根)\\
&= 29.42\text{（m）}
\end{aligned}
$$

$$
\begin{aligned}
长度 &= 8副\times 29.42\text{m}/副\\
&= 235.36\text{（m）}
\end{aligned}
$$

5）连墙点。

$$
\begin{aligned}
点数 &= 10(步)\div 3(步)\times\left(\frac{50}{2\times 3(步)}+\frac{15}{2\times 3(步)}\right)\times 2(边)+4(角)\\
&= 3\times 11\times 2+4\\
&= 70\text{（个）}
\end{aligned}
$$

$$
\begin{aligned}
长度 &= [1.60+0.2(伸入墙)+1.5\times 2(固定管)]\times 70(点)\\
&= 4.8\times 70\\
&= 336\text{（m）}
\end{aligned}
$$

6）安全栏杆。

$$长度 = (52.8+17.8)\times 2 = 141.2\text{（m）}$$

钢管长度小计：

$$1073+1553.2+1302.4+235.36+336+141.2 = 4641.16\text{（m）}$$

钢管重量：

$$4641.16\times 3.84 = 17822.05\text{（kg）}$$

每 100m^2 墙面钢管取定重量：

$$\frac{17822.05}{1690}\times 100 = 1054.56\text{（kg/100m}^2\text{）}$$

2. 扣件

1）直角（十字）扣件。

$$大横杆与小横杆连接 = 74(根)\times 11(层) = 814\text{（个）}$$

$$立杆与大横杆连接 = 74(根)\times[11(层)+1(层安全栏杆)] = 888\text{（个）}$$

$$连墙点 = 70\times 2 = 140\text{（个）}$$

直角扣件小计：

$$814+888+140 = 1842\text{（个）}$$

2）对接（一字）扣件。

大横杆、栏杆：

$$\left[\left(\frac{52.8}{6}-1\right)+\left(\frac{17.8}{6}-1\right)\right]\times 2(\text{边})\times 12(\text{层})$$
$$=(8+2)\times 2\times 12$$
$$=240\text{（个）}$$

立杆：

$$\left(\frac{13+1.5}{6}-1\right)\times 74$$
$$=1.4\times 74$$
$$=104\text{（个）}$$

剪刀撑：

$$8\times 2\times\left(\frac{14.91}{6}-1\right)$$
$$=8\times 2\times 1.5$$
$$=24\text{（个）}$$

对接扣件小计：

$$240+104+24=368\text{（个）}$$

3）回转扣件。

剪刀撑用：

$$8\times 12=96\text{（个）}$$

4）底座。

剪刀撑用：

$$8\times 2=16\text{（个）}$$

立杆用：74 个。

底座小计：

$$16+74=90\text{（个）}$$

每 $100m^2$ 墙面连接件取定：

直角扣件：

$$\frac{1842}{1690}\times 100=108.99\text{（个}/100m^2\text{）}$$

对接扣件：

$$\frac{368}{1690}\times 100=21.78\text{（个}/100m^2\text{）}$$

回转扣件：

$$\frac{96}{1690}\times 100=5.68\text{（个}/100m^2\text{）}$$

底座：

$$\frac{90}{1690}\times100=5.33（个/100\text{m}^2）$$

3. 架板（按满铺一层考虑）

脚手板：

$$(52.4+15)\times2(边)\times1.10(宽)\times0.05(厚)=7.414（\text{m}^3）$$

挡脚板：

$$(52.4+17.4)\times2(边)\times0.18(高)\times0.05(厚)=1.256（\text{m}^3）$$

架板小计：

$$7.414+1.256=8.670（\text{m}^3）$$

每 100m² 墙面架板取定值：

$$\frac{8.670}{1690}\times100=0.513（\text{m}^3/100\text{m}^2）$$

4. 连墙点垫木

$$70\times4=280（块）$$

每 100m² 墙面垫木取定值：

$$\frac{280}{1690}\times100=16.57（块/100\text{m}^2）$$

5. 8 # 铁丝

脚手板：

$$7.414\div0.045=165（块）$$

挡脚板：

$$1.256\div0.027=47（块）$$

8#铁丝重量：

$$(165\times3\times1+47\times3\times0.80)\times0.0986=60（\text{kg}）$$

每 100m² 墙面 8#铁丝取定值：

$$\frac{60}{1690}\times100=3.55（\text{kg}/100\text{m}^2）$$

6. 圆钉

$$\frac{(165+47)\times8}{279}=6.08（\text{kg}）$$

每 100m² 墙面圆钉取定值：

$$\frac{6.08}{1690}\times100=0.36（\text{kg}）$$

16.1.5 钢管脚手架上料平台材料用量计算

上料平台示意图见图 16.15。

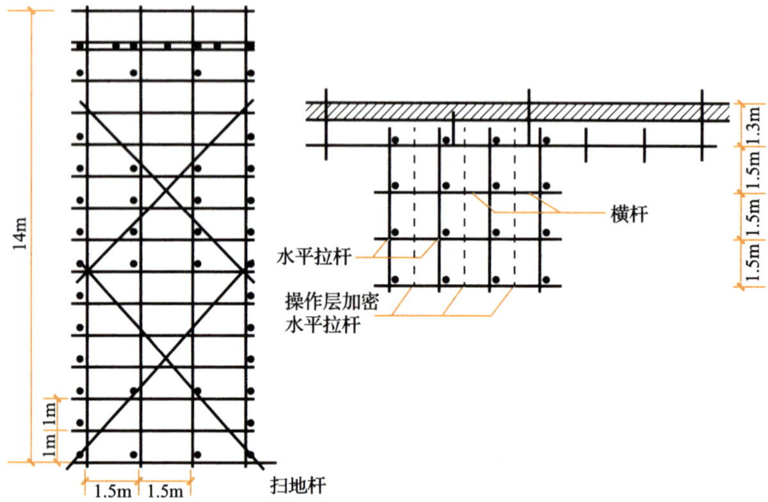

图 16.15　上料平台示意图

1. 服务面积

$$70\times13=910\ (\mathrm{m}^2)$$

2. 杆件计算

1）立杆。

$$16\times(13+1)=224\ (\mathrm{m})$$

2）横杆。

$4\times(13+1)\times(4.5+0.2\times2)=274.4$（m），减去在地面和 13m 高度处与外架相碰 2 根的长度，$2\times4.90=9.80$（m）。

3）水平拉杆。

两边：

$$(14\times2)\times4.9=28\times4.9=137.2\ (\mathrm{m})$$

中间：

$$(8\times2)\times4.9=78.4\ (\mathrm{m})$$

操作层加密：

$$3\times4.9=14.7\ (\mathrm{m})$$

4）剪力撑。

$$3\times2=6\ (\text{副})$$

$$\text{长度}=6\times16=96\ (\mathrm{m})$$

5）栏杆。

$$3\times4.9=14.7\ (\mathrm{m})$$

钢管长度计算：

$$224+274.4-9.8+137.2+78.4+14.7+96+14.7=829.6\text{（m）}$$

钢管重量：

$$829.6\times 3.84=3185.66\text{（kg）}$$

每 100m² 服务墙面钢管取定值：

$$\frac{3185.66}{910}\times 100=350.07\text{（kg）}$$

3. 扣件

1）对接扣件。

剪力撑：

$$6\times 2=12\text{（个）}$$

立杆：

$$16\times\left(\frac{14}{6}-1\right)=16\times 1.3=20.8\text{（个）}$$

对接扣件小计：

$$12+20.8=32.8\text{（个）}$$

2）直角扣件。

横杆与立杆：

$$\left[4\times(13+1)-2\right]\times 4=216\text{（个）}$$

拉杆与横杆：

$$(14\times 2+8\times 2)\times 4=176\text{（个）}$$

操作层加密：

$$3\times 4=12\text{（个）}$$

靠外墙 2 根立杆与外架大横杆连接：

$$\frac{14}{1.3}\times 2=22\text{（个）}$$

直角扣件小计：

$$216+176+12+22=426\text{（个）}$$

3）底座。

$$16+6=22\text{（个）}$$

4）回转扣件。

$$6\times 8=48\text{（个）}$$

每 100m² 服务墙面扣件取定量：

对接扣件：

$$\frac{32.8}{910}\times 100=3.60\text{（个）}$$

直角扣件：

$$\frac{426}{910}\times 100=46.81\text{（个）}$$

底座：

$$\frac{22}{910}\times 100 = 2.42\text{（个）}$$

回转扣件：

$$\frac{48}{910}\times 100 = 5.27\text{（个）}$$

4. 架板

$$4.9\times 4.45\times 0.05 = 1.090\text{（}m^3\text{）}$$

每 100m^2 服务墙面架板取定量：

$$\frac{1.090}{910}\times 100 = 0.120\text{（}m^3\text{）}$$

5. 8#铁丝

$$15\times 3\times 1\times 0.0986 = 4.44\text{（kg）}$$

每 100m^2 服务墙面铁丝取定量：

$$\frac{4.44}{910}\times 100 = 0.49\text{（kg）}$$

6. 圆钉

$$15\times \frac{8}{279} = 0.43\text{（kg）}$$

每 100m^2 服务墙面圆钉取定量：

$$\frac{0.43}{910}\times 100 = 0.05\text{（kg）}$$

7. 缆风绳（Φ8 钢丝绳，两边角各设一道）

$$\text{长度} = \left(\sqrt{14^2 + 14^2} + 2\right)\times 2 = 43.60\text{（m）}$$

重量：

$$43.60\times 0.396 = 17.26\text{（kg）}$$

每 100m^2 服务墙面缆风绳取定量：

$$\frac{17.26}{910}\times 100 = 1.90\text{（kg）}$$

8. 缆风桩、固定木

缆风桩：

$$0.113\times 2 = 0.226\text{（}m^3\text{）}$$

固定木：

$$0.0032\times 2 = 0.0064\text{（}m^2\text{）}$$

每 100m^2 服务墙面取定量：

$$\frac{0.226+0.0064}{910}\times 100=0.026\text{（m}^3\text{）}$$

16.1.6　每 100m^2 单排钢管脚手架材料摊销量计算

每 100m^2 单排钢管脚手架材料摊销量计算见表 16.1。

表 16.1　每 100m^2 单排钢管脚手架材料摊销量计算表

项目		一次使用量	单位	计算式	摊销量	单位	重量计算/kg
钢管	架子	1054.56	kg	$\frac{(1054.56+350.07)\times(1-10\%)}{180\div 6}=42.14$	42.14	kg	1404.63
	平台	350.07	kg				
直角扣件	架子	108.99	个	$\frac{(108.99+46.81)\times(1-5\%)}{120\div 6}=7.40$	7.40	个	$155.8\times 1.25=194.75$
	平台	46.81	个				
对接扣件	架子	21.78	个	$\frac{(21.78+3.60)\times(1-5\%)}{120\div 6}=1.21$	1.21	个	$25.38\times 1.5=38.07$
	平台	3.60	个				
回转扣件	架子	5.68	个	$\frac{(5.68+5.27)\times(1-5\%)}{120\div 6}=0.52$	0.52	个	$10.95\times 1.5=16.43$
	平台	5.27	个				
底座	架子	5.33	个	$\frac{(5.33+2.42)\times(1-5\%)}{180\div 6}=0.25$	0.25	个	$7.75\times 2.14=16.59$
	平台	2.42	个				
架板	架子	0.513	m^3	$\frac{(0.513+0.120)\times(1-5\%)}{42\div 6}=0.086$	0.086	m^3	$0.633\times 600=380$
	平台	0.120	m^3				
缆风桩		0.026	m^3	$\frac{0.026\times(1-10\%)}{42\div 6}=0.003$	0.003	m^3	
8#铁丝	架子	3.55	kg	$3.55+0.49=4.04$	4.04	kg	
	平台	0.49	kg				
圆钉	架子	0.36	kg	$0.36+0.05=0.41$	0.41	kg	
	平台	0.05	kg				
缆风绳		1.90	kg	$\frac{1.90\times(1-10\%)}{42\div 6}=0.24$	0.24	kg	
防锈漆		1.405	t	$\frac{1.405\times 4.904\times 16}{180\div 6}=3.67$	3.67	kg	
溶剂油		1.405	t	$\frac{1.405\times 0.552\times 16}{180\div 6}=0.41$	0.41	kg	
垫木		16.57	块	$\frac{16.57\times(1-10\%)}{42\div 6}=2.13$	2.13	块	
合计						kg	2050.5

16.1.7　单排钢管脚手架企业定额项目材料及机械台班用量计算

每 100m^2 单排钢管脚手架企业定额项目材料及机械台班用量计算见表 16.2。

表 16.2　企业定额项目材料及机械台班用量计算表

章名称：脚手架　　节名称：单排　　项目名称：钢管制　　子目名称：15m 以内　　定额单位：$100m^2$

计算依据或说明													
材料	名称	规格	单位	计算量	损耗率	使用量	备注	其他材料费	名称及规格	单位	单价/元	数量	金额/元
	钢管	Φ48.3	kg	42.14	4%	43.83							
	直角扣件		个	7.40									
	对接扣件		个	1.21									
	回转扣件		个	0.52									
	木脚手板		m^3	0.086									
	底座		个	0.25									
	铁丝	8#	kg	4.04	2%	4.12							
	圆钉		kg	0.41	2%	0.42							
	缆风绳		kg	0.24	5%	0.25							
	防锈漆		kg	3.67	3%	3.78							
	溶剂油		kg	0.41	4%	0.43							
	垫木		块	2.13									
	缆风桩	木制	m^3	0.003					合计				

机械台班	施工操作			机械		机械定额		2÷7	计算系数	机械使用量	依据
	工序	数量	单位	名称	规格	编号	台班产量				
	1	2	3	4	5	6	7	8	9	10＝8×9	11
	钢管运输	2.051	t	载重汽车	6t		12.6	0.163	1	0.163	

16.2　钢管脚手架企业定额项目编制实训

16.2.1　单排钢管脚手架企业定额编制依据

1. 脚手架材料使用寿命

钢管（Φ48.3mm×3.6mm）　180 个月
扣件　120 个月
底座　180 个月
安全网　一次
架板　42 个月

缆风绳	42 个月
缆风桩	42 个月
防锈漆	180 个月
溶剂油	180 个月

2. 材料损耗率

钢管	3%
防锈漆	2%
8#铁丝	2%
溶剂油	3%
铁钉	2%
缆风绳	4%

3. 脚手架一次使用期确定

依附斜道 5m 以内	2 个月
脚手架及斜道 15m 以内	6 个月
脚手架及斜道 24m 以内	7 个月
脚手架及斜道 30m 以内	8 个月
脚手架及斜道 50m 以内	12 个月

4. 脚手架柱间距、步高

钢管立杆间距	2m
步高	1.3m

5. 外脚手架及相应平台高度取定

取定高度为檐口高度：

$$架高=檐口高度+1.5m$$

6. 脚手架使用残值

钢管	11%	架板	5%
扣件	6%	缆风桩	10%
底座	6%	缆风绳	10%
垫木	11%		

7. 脚手架材料摊销公式

$$摊销量=\frac{单位一次使用量\times(1-残值率)}{耐用期\div 一次使用期}$$

16.2.2 单排钢管脚手架搭设要求

1）项目名称：单排钢管脚手架（高 13m 以内）。

2）定额单位：$100m^2$。

3）脚手架取定高度：12m。

4）脚手架构造。

① 步距：1.3m。

② 挑距：1.2m。

③ 柱距：2m。

④ 搭设要求：脚手架连墙点采用刚性连接，每跨 3 步设一点，横向水平杆入墙内 20cm；从上到下连续设 8 道剪刀撑，每隔 10m 设一副，每副跨 5 步。

5）采用钢管规格：$\Phi48.3\times3.6$。

6）脚手架搭设的墙面面积：

$$(35+18)\times2\times12=1272\ (m^2)$$

建筑物平面外围示意图见图 16.16。

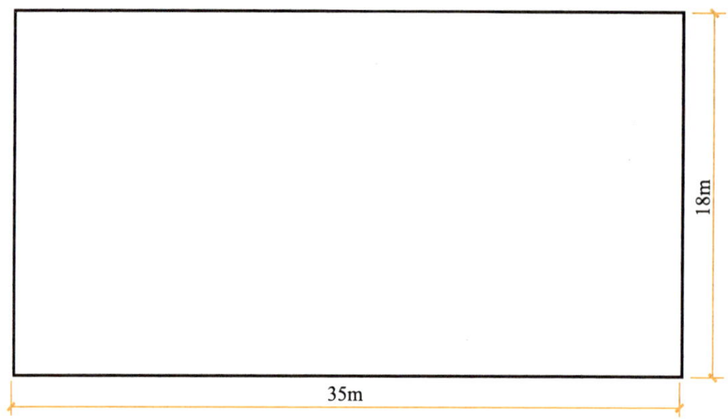

图 16.16　建筑物平面外围示意图

16.2.3 钢管脚手架材料用量计算

1）不计算脚手架上料平台材料用量。

2）杆件计算。

① 立杆计算。

② 大横杆计算。

③ 小横杆计算。

④ 剪刀撑计算。

⑤ 连墙点计算。

⑥ 安全栏杆计算。

3）扣件计算。

① 直角（十字）扣件计算。

② 对接（一字）扣件计算。

③ 回转扣件计算。

④ 底座计算。

4）架板（按满铺一层考虑）计算。

① 脚手板。

② 挡脚板。

5）连墙点垫木计算。

6）8#铁丝计算。

7）圆钉计算。

16.2.4　每 100m^2 单排钢管脚手架材料摊销量计算

解：

16.2.5　单排钢管脚手架企业定额项目材料及机械台班用量计算

解：

说明：计算过程的计算式和采用的表格，参照本书中计算实例的格式和表格。

16.3　砖基础企业定额项目编制实例

16.3.1　企业定额项目编制计算依据

1）项目名称：水泥砂浆砌砖基础。

2）砖基础类型比例及标准砖净用量。

等高式砖基础　60%　每立方米砌体标准砖净用量 522.85 块。

不等高式砖基础　40%　每立方米砌体标准砖净用量 523.15 块。

3）增加用工。

砖基础埋深超过 1.5m 应增加用工 0.06 工日/10m^3。

4）砖基础墙厚比例。

1 砖厚基础墙：　50%

1.5 砖厚基础墙：　20%

2 砖厚基础墙：　20%

2×2.5 砖柱基：　10%

5）材料超运距。

标准砖　100m

砂　浆　100m

6）材料损耗率。

标准砖　0.5%

砂　浆　1.5%

16.3.2　砖基础人工消耗量计算

砖基础人工消耗量计算见表 16.3。

表 16.3　砖基础人工消耗量计算表

章名称：砖石　节名称：砌砖　项目名称：基础　子目名称：砖基础　单位：10m^3

工程内容	清理地槽、坑，递砖、调制砂浆。砌砖基础、砖垛，半成品水平运输等						
操作方法 质量要求	砖砌体水平灰缝和垂直灰缝以 10mm 为准，水平灰缝饱满度应不低于 80%，竖缝错开，不应有通缝						
用工量计算	施工操作工序及工程量			人工定额			工日数
	名称	数量	单位	定额编号	工种	时间定额	
	①	②	③	④	⑤	⑥	⑦=②×⑥
	砖基础 1 砖厚	5	m^3	§ 5-1-1（一）	砖工	0.98	4.90
	砖基础 1.5 砖厚	2	m^3	§ 5-1-2（一）	砖工	0.95	1.90
	砖基础 2 砖厚	2	m^3	§ 5-1-3（一）	砖工	0.924	1.85
	2×2.5 砖基础	1	m^3	§ 5-1-21（二）	砖工	1.57	1.57
	埋深超过 1.5m 加工	10	m^3	附注	砖工	0.006	0.06
	超运距加工						
	标准砖 100m	10	m^3		普工	0.16	1.60
	砂浆 100m	10	m^3		普工	0.012	0.12
	小计						12.00

16.3.3　砖基础材料消耗量计算

砖基础材料消耗量计算见表 16.4。

表 16.4　砖基础材料消耗量计算表

章名称：砖石　　节名称：砌砖　　项目名称：基础　　子目名称：砖基础　　定额单位：$10m^3$

<table>
<tr><td>计算过程</td><td colspan="7">1. 计算依据
（1）采用理论公式计算材料净用量；
（2）根据现场测定资料取定材料损耗率。
2. 根据等高式砖基础测定资料确定增加或减少体积百分比
（1）附墙柱放脚宽应增加 0.2575%；
（2）T 形接头放脚重复部分应减 0.785%。
$$增减相抵后的百分比 = 0.2575\% - 0.785\% = -0.5275\%$$
3. 计算标准砖的定额净用量
$$每立方米砖基础标准砖净用量 = 522.85\times(1-0.005275)\times60\% + 523.15\times40\% = 521.3\ （块/m^3）$$
4. 计算砂浆的定额净用量
通过计算，每立方米砖基础砂浆净用量为 $0.234m^3$。
$$\begin{aligned}砂浆净用量 &= 0.235\times[(1-0.005275)\times60\% + 40\%]\\ &= 0.234\ （m^3/m^3）\end{aligned}$$</td></tr>
<tr><td rowspan="4">材料用量</td><td>名称</td><td>规格</td><td>单位</td><td>净用量</td><td>损耗率</td><td>定额消耗量</td><td>备注</td></tr>
<tr><td>标准砖</td><td></td><td>千块</td><td>5.213</td><td>0.5%</td><td>5.239</td><td></td></tr>
<tr><td>砂浆</td><td></td><td>m^3</td><td>2.34</td><td>1.5%</td><td>2.376</td><td></td></tr>
<tr><td>水</td><td></td><td>m^3</td><td></td><td></td><td>1.05</td><td></td></tr>
</table>

16.4　砖基础企业定额项目编制实训

16.4.1　砖基础企业定额项目编制依据

1）项目名称：M7.5 水泥砂浆砌砖基础。

2）砖基础类型比例及标准砖净用量。

等高式砖基础　　55%　每立方米砌体标准砖净用量 522.82 块。

不等高式砖基础　45%　每立方米砌体标准砖净用量 523.17 块。

3）增加用工。

砖基础埋深超过 1.5m 应增加用工 0.06 工日/$10m^3$。

4）砖基础墙厚比例。

1 砖厚基础墙：　　30%

1.5 砖厚基础墙：　30%

2 砖厚基础墙：　　30%

2×2.5 砖柱基：　　10%

5）材料超运距。

标准砖　　100m

砂　浆　　100m

6）材料损耗率。

标准砖　　1.0%

砂浆　　1.8%

16.4.2　砖基础人工消耗量计算

根据上述有关依据和表 16.5 中数据，计算砖基础企业定额人工消耗量，并将计算结果填入表 16.5。

表 16.5　砖基础人工消耗量计算表

章名称：砖石　　节名称：砌砖　　项目名称：基础　　子目名称：砖基础　　单位：$10m^3$

工程内容	清理地槽、坑，递砖、调制砂浆。砌砖基础、砖垛，半成品水平运输等						
操作方法 质量要求	砖砌体水平灰缝与垂直灰缝以 10mm 为准，水平灰缝饱满度不低于 80%，竖缝错开，不应有通缝						
用工量计算	操作工序及工程量			人工定额			工日数
	名称	数量	单位	定额编号	工种	时间定额	
	①	②	③	④	⑤	⑥	⑦=②×⑥
	砖基础 1 砖厚		m^3	§ 5-1-1（一）	砖工	0.98	
	砖基础 1.5 砖厚		m^3	§ 5-1-2（一）	砖工	0.95	
	砖基础 2 砖厚		m^3	§ 5-1-3（一）	砖工	0.924	
	2×2.5 柱基		m^3	§ 5-1-21（二）	砖工	1.57	
	埋深 1.5m 以上	10	m^3	附注	砖工	0.006	
	超运距加工						
	标准砖	10	m^3		普工	0.16	
	砂浆	10	m^3		普工	0.012	
	小计						

16.4.3　砖基础材料消耗量计算

按照上述有关依据和表 16.6 中数据，计算砖基础企业定额项目材料消耗量，并将计算结果填入表 16.6。

表 16.6　砖基础材料消耗量计算表

章名称：砖石　节名称：砌砖　项目名称：基础　子目名称：砖基础　单位：$10m^3$

<table>
<tr><td>计算过程</td><td colspan="7">1. 计算依据
（1）采用理论公式计算材料净用量；
（2）根据现场测定资料确定材料损耗率。
2. 根据等高式放脚砖基础测定资料确定的增加或减少体积百分比
（1）附墙柱放脚宽应增加 0.2876%；
（2）T 形接头放脚重复部分应减少 0.664%。
增减相抵后的百分比=
3. 计算标准砖定额净用量
每立方米砖基础标准砖净用量=
4. 计算砂浆的定额净用量
通过计算，每立方米砂浆净用量为　　m^3。
砂浆净用量=</td></tr>
<tr><td rowspan="4">材料用量</td><td>名称</td><td>规格</td><td>单位</td><td>净用量</td><td>损耗率</td><td>定额消耗量</td><td>备注</td></tr>
<tr><td>标准砖</td><td></td><td></td><td></td><td></td><td></td><td></td></tr>
<tr><td>砂浆</td><td></td><td></td><td></td><td></td><td></td><td></td></tr>
<tr><td>水</td><td></td><td></td><td></td><td></td><td></td><td></td></tr>
</table>

16.5　砖墙面抹灰企业定额项目计算实例

16.5.1　砖墙面抹灰企业定额项目编制计算依据

1）项目名称：石灰砂浆抹砖墙面。

2）项目要求：石灰砂浆抹三遍 18mm 厚，纸筋灰浆一遍 2mm 厚。

3）增加用工。

① 纸筋灰浆面加工。

② 水泥砂浆护角线加工。

③ 超运距加工。

④ 淋石灰膏加工。

4）材料损耗率及压实系数（表 16.7）。

表 16.7　材料损耗率及压实系数（实例）

材料名称	石灰砂浆	水泥砂浆	纸筋灰浆
损耗率/%	1	2	1
压实系数/%	9	9	5

5）增加工程量。

根据测算每 $100m^2$ 抹灰面，增加门窗洞口侧面面积 $4m^2$，即 4%。

护角线砂浆按石灰砂浆抹灰面的1.56%计算。

16.5.2 石灰砂浆抹砖墙面人工消耗量计算

石灰砂浆抹砖墙面人工消耗量计算见表16.8。

表16.8 石灰砂浆抹砖墙面人工消耗量计算表

章名称：装饰　　节名称：墙面、墙裙抹灰

项目名称：砖墙面　　子目名称：石灰砂浆三遍　　定额单位：100m^2

工程内容	1. 清理、修补、湿润基层表面，堵墙眼，调运砂浆，清理落地尘 2. 分层抹灰找平、制浆、洒水湿润、罩面压光，门窗洞口侧壁抹灰，护角线抹灰						
操作方法 质量要求	1. 一般工具，手工操作抹灰，人工或机械调制砂浆，人工运料 2. 表面光滑、清洁、接槎平整						
用工量计算	施工操作工序及工程			人工定额			工日数
	名称	数量	单位	定额编号	工种	时间定额	
	抹灰综合用工	100	m^2	§5-1-1（一）	抹灰	0.0978	9.78
	纸筋灰面增加用工	9.78	工日	注2	抹灰	0.20	1.956
	墙垛阳角增加用工	8	m	P141 说明五-2	抹灰	0.02	0.16
	护角线增加用工	15.6	m	P141 说明五-4	抹灰	0.013	0.203
	超运距用工						
	砂浆100m	100	m^2	§5-8-25	普工	0.0083	0.83
	砂子50m	2.542	m^2	§5-8-255、256	普工	0.086	0.219
	淋石灰膏用工	0.974	m^2	§1-4-95	普工	0.50	0.487
	小计						13.635

16.5.3 石灰砂浆抹砖墙面材料消耗量计算

1. 石灰砂浆

$$
\begin{aligned}
\text{石灰砂浆净用量} &= \text{抹灰面}\times\text{厚}+\text{门窗洞口侧壁砂浆}-\text{护角线砂浆}\\
&=100\times0.018+100\times0.018\times4\%-100\times0.018\times1.56\%\\
&=1.844\ (\text{m}^3)
\end{aligned}
$$

$$
\text{石灰砂浆定额用量}=\frac{1.844}{1-1\%-9\%}=\frac{1.844}{0.9}=2.049\ (\text{m}^3/100\text{m}^2)
$$

2. 护角线水泥砂浆

$$
\text{护角线水泥砂浆净用量}=100\times0.018\times1.56\%=0.028\ (\text{m}^3)
$$

$$\text{水泥砂浆定额用量}=\frac{0.028}{1-2\%-9\%}=\frac{0.028}{0.89}=0.0315\ (\text{m}^3/100\text{m}^2)$$

3. 纸筋灰浆（加 6%纸筋）

$$\text{纸筋灰浆净用量}=100\times0.002\times(1+4\%)=0.208\ (\text{m}^3)$$

$$\text{纸筋灰浆定额用量}=\frac{0.208}{1-1\%-5\%}=\frac{0.208}{0.94}=0.221\ (\text{m}^3/100\text{m}^2)$$

4. 施工用水

湿润墙面用水 $0.40\text{m}^3/100\text{m}^2$。

搅拌机冲洗用水，按每个台班 1m^3 用水计算：

$$\frac{2.049+0.0315+0.221}{\text{台班产量}}\times1$$

$$=\frac{2.3015}{6}\times1$$

$$=0.384\ (\text{m}^3/100\text{m}^2)$$

施工用水小计：

$$0.40+0.384=0.784\ (\text{m}^3/100\text{m}^2)$$

16.6　砖墙面抹灰企业定额项目编制实训

16.6.1　砖墙面抹石灰砂浆企业定额项目编制计算依据

1）项目名称：石灰砂浆抹砖墙面。

2）项目要求：石灰砂浆抹三遍 17mm 厚，纸筋灰浆一遍 2.1mm 厚。

3）增加用工。

① 纸筋灰浆面加工。

② 水泥砂浆护角线加工。

③ 超运距加工。

④ 淋石灰膏加工。

4）材料损耗率及压实系数（表 16.9）。

表 16.9　材料损耗率及压实系数（实训）

材料名称	石灰砂浆	水泥砂浆	纸筋灰浆
损耗率/%	1.2	2.1	1.1
压实系数/%	9	9	5

5）增加工程量。

根据测算每 100m^2 抹灰面，增加门窗洞口侧面面积 4m^2，即 4%。

护角线砂浆按石灰砂浆抹灰面的 1.56%计算。

16.6.2　石灰砂浆抹砖墙面人工消耗量计算

根据上述有关依据和表 16.10 中数据，计算石灰砂浆抹砖墙面企业定额人工消耗量，见表 16.10。

表 16.10　石灰砂浆抹砖墙面企业定额人工消耗量计算表

章名称：装饰　　节名称：墙面抹灰　　项目名称：砖墙面　　子目名称：石灰砂浆　　单位：$100m^2$

工程内容	1. 清理、修补、湿润基层表面，堵墙眼，制运砂浆，清理落地灰 2. 分层抹灰找平、制浆、洒水 湿润。罩面压光，门窗洞口侧壁抹灰，护角抹灰						
操作方法 质量要求	1. 一般工具，手工操作抹灰，人工或机械调制砂浆，人工运料 2. 表面光滑、清洁、接槎平整						
用工量计算	操作工序及工程量			人工定额			工日数
	名称	数量	单位	定额编号	工种	时间定额	
	①	②	③	④	⑤	⑥	⑦=②×⑥
	抹灰综合用工		m^3	§ 5-1-1（一）	抹灰	0.978	
	纸筋灰面增加用工		工日	§ 注 2	抹灰	0.20	
	墙垛阳角增加用工		工日	P141 说明 5-2	抹灰	0.02	
	护角线增加用工		m	P141 说明 5-4	抹灰	0.013	
	超运距用工						
	砂浆 100m		m^2	§ 5-8-25	普工	0.0083	
	砂子 50m		m^2	§ 5-8-255、256	普工	0.086	
	淋石灰膏用工		m^3	§ 1-4-95	普工	0.50	
	小计						

16.6.3　石灰砂浆抹砖墙面材料消耗量计算

1. 石灰砂浆用量计算

1）石灰砂浆净用量=抹灰面×厚+门窗洞口侧壁砂浆-护角线砂浆。

2）石灰砂浆定额用量=

2. 护角线水泥砂浆用量计算

1）护角线水泥砂浆净用量=

2）护角线水泥砂浆定额用量=

3. 纸筋灰浆（加 6%纸筋）计算

1）纸筋灰浆净用量=

2）纸筋灰浆定额用量=

4. 施工用水量计算

湿润墙面用水 $0.40m^3/100m^2$。
搅拌机冲洗用水，按每个台班 $1m^3$ 用水计算：

施工用水小计：

16.7　铝合金门窗制作、安装企业定额项目编制实例

16.7.1　计算方法

铝合金门窗制作、安装材料用量计算，分别按铝合金型材、玻璃、玻璃密封条、玻璃胶、软填料、密封油膏、地脚、膨胀螺栓、螺钉、拉杆螺栓、胶纸等消耗量计算。

1. 铝合金型材用量计算

1）计算面积系数：

$$面积系数=\frac{框外围面积}{洞口面积}$$

2）计算框料重量：

框料重量=框料长×每米重（kg/m）

3）计算扇料重量：

扇料重量=扇料长×每米重（kg/m）

4）计算压线条重量：

压线条重量=压线条长×每米重（kg/m）

5）计算铝合金型材定额消耗量：

$$定额消耗量=\frac{型材总重量}{框外围面积}\div(1-损耗率)\times面积系数$$

2. 玻璃用量计算

按洞口面积 $100m^2$ 计算玻璃用量，列入定额。

3. 密封条用量计算

$$每100m^2洞口的密封条用量=\frac{图示尺寸总长}{洞口面积}$$

4. 玻璃胶用量

$$玻璃胶用量=\frac{图示总长}{洞口面积}\times100m^2$$

注：一支 310g 的玻璃胶可双面挤胶 7m 长。

5. 地脚用量计算

地脚用量按镀锌成品件个数计算后乘以面积系数。

6. 膨胀螺栓计算

膨胀螺栓=地脚数量×2

7. 软填料用量计算

按沥青玻璃棉毡条计算，表现密度 $85kg/m^3$，填料断面为 0.025m×0.09m，损耗系数 1.03。

$$每100m^2洞口填料用量=\frac{填料断面\times填料表现密度\times洞口周长\times损耗系数}{洞口面积}\times100$$

8. 密封油膏用量计算

密封油膏表现密度 $1350kg/m^3$，密封断面按 8mm×8mm 计算，双面密封，损耗系数 1.03。

$$每100m^2洞口密封油膏用量=\frac{密封断面\times 2\times 洞口周长\times 密封油膏表现密度\times 损耗系数}{洞口面积}\times 100$$

16.7.2　铝合金窗制作、安装企业定额项目材料用量计算实例

1）项目名称：带亮子四扇推拉窗。

2）推拉窗尺寸及示意见图 16.17。

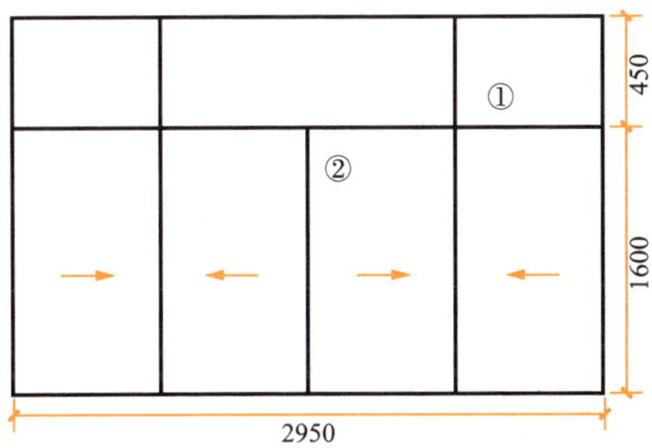

图 16.17　带亮子四扇推拉窗示意图（单位：mm）

3）铝合金型材用量计算。

① 面积系数计算。

$$面积系数=\frac{2.95\times 2.05}{3.0\times 2.1}=\frac{6.0475}{6.30}=0.9599$$

② 框料计算。

上横框：1.5 厚　　0.8825kg/m

2.95×0.8825=2.60（kg）

中横框：1.5 厚　　1.643kg/m

2.95×1.643=4.85（kg）

下横框：1.5 厚　　0.963kg/m

2.95×0.963=2.84（kg）

侧边框：1.5 厚　　0.789kg/m

2.05×2×0.789=3.23（kg）

中框：①号中框　1.5 厚　　1.241kg/m

0.45×2×1.241=1.12（kg）

②号中框　1.5 厚　　0.738kg/m

1.60×0.738=1.18（kg）

框料重量小计：15.82kg。

③ 扇料计算。

边邦：1.6 厚　　0.926kg/m

$$(1.60-0.03)\times 4\times 0.926=5.82\text{（kg）}$$

中邦：1.6 厚　　1.007kg/m

$$(1.60-0.03)\times 4\times 1.007=6.32\text{（kg）}$$

上邦：1.5 厚　　0.723kg/m

$$(2.95-0.02)\times 0.723=2.12\text{（kg）}$$

下邦：1.5 厚　　0.985kg/m

$$(2.95-0.02)\times 0.985=2.89\text{（kg）}$$

扇料重量小计：17.15kg。

④ 压条用量计算。

压条：1.0 厚　　0.113kg/m

$$\begin{aligned}&\left[(2.95-0.02)\times 2+(0.45-0.02)\times 6\right]\times 0.113\\&=(5.86+2.58)\times 0.113\\&=0.954\text{（kg）}\end{aligned}$$

⑤ 铝合金型材用量小计。

$$15.82+17.15+0.954=33.92\text{（kg）}$$

⑥ 铝合金型材定额用量计算。

$$\begin{aligned}\text{定额用量}&=\frac{33.92}{2.95\times 2.05}\div(1-7\%)\times 0.9599\times 100\\&=5.609\div(1-7\%)\times 0.9599\times 100\\&=578.93\text{（kg/100m}^2\text{）}\end{aligned}$$

16.8　铝合金门窗制作、安装企业定额项目编制实训

1. 铝合金推拉窗尺寸

带亮子两扇推拉铝合金窗尺寸见图 16.18。窗洞口尺寸为 1100mm×1300mm。

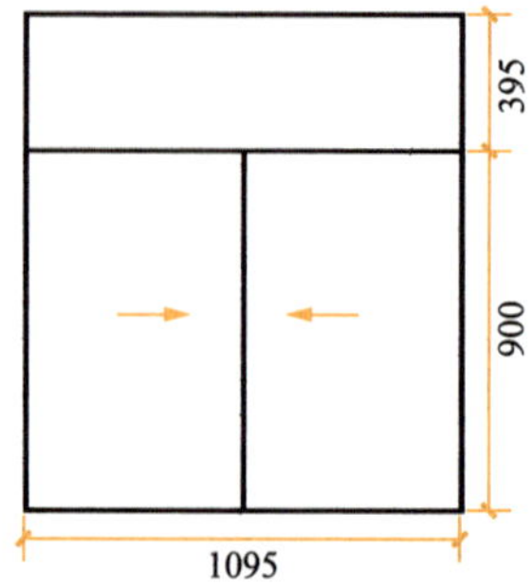

图 16.18　带亮子两扇推拉铝合金窗示意图（单位：mm）

2. 计算方法

计算方法见 16.7 节内容所述。

3. 铝合金型材用量计算

1）面积系数=

2）框料计算。

上框：1.5 厚　0.8825kg/m

中框：1.5 厚　1.643kg/m

下框：1.5 厚　0.963kg/m

边框：1.5 厚　0.789kg/m

框料重量小计：

3）扇料计算。

边邦：1.6 厚　　0.926kg/m

中邦：1.6 厚　　1.007kg/m

上邦：1.5 厚　　0.723kg/m

下邦：1.5 厚　　0.985kg/m

扇料重量小计：

4）压条用量计算。

压条：1.0 厚　0.113kg/m

5）铝合金型材用量小计。

6）铝合金型材定额用量计算。

带亮子两扇推拉铝合金窗铝合金型材定额用量=

16.9　提升与导学

16.9.1　提升

1. 动手完成实训要求的学习任务是掌握企业定额编制技能的必经之路

学习了本书的内容并不代表掌握了基本方法与技能。动手完成实训要求的学习任务是掌握企业定额编制技能的必经之路，这是掌握技能的客观规律，是心理学、教育学关于人类如何学习的基本理论，没有其他捷径可以走。所以，一定要高度重视实训环节，按要求从头到尾认真完成。

2. 会者不难、难者不会是掌握技能的永恒真理

只要有认真的态度，在学习知识与方法后，循序渐进地完成老师布置的实训内容，掌握技能不是一件很难的事情。

实训过程是对理论和方法的检验过程，是将知识与方法融入个人能力体系中的必由之路。只有通过实训重新梳理知识，才能将其有效地融入自己的知识体系，进而在运用知识与方法的过程中提升自己的工作能力，这时就能真正达到“会者不难”的境界。

16.9.2　导学

1. “照葫芦画瓢”是掌握实训技能的基本层面

每一个初学者，不是天生就会，都是在“实训中学习、实训”。因此实训的第一个

层面就是根据书中的示例，一步一步地模仿完成，在模仿的过程中将一个个零散的知识点、技能点串联起来，解决问题后，初学者一定会有很好的收获。能将知识点重新排列、组合，进而解决当前的问题，这就是能力的体现。所以第一层面的实训非常重要。

2. “举一反三”是掌握实训技能的提升层面

首先，实训中的内容不会与书中实例的内容完全相同；其次，实训中解决问题的方法也不能从实例中全部找到；最后，实训中计算用的表格、公式和参数等也不会面面俱到全部提供，每次完成的实训内容总会发生一些变化。怎样解决不同内容的问题，怎样解决实训中的问题，怎样检索公式、参数和设计表格，需要学生在实训中不断学习，培养“举一反三”的能力。

“举一反三”是创新的基石，是技能型人才的必备素质。

练　习　题

简述题

1. 简述钢管脚手架的类型。
2. 简述钢管脚手架扣件有哪些种类，各有何用。
3. 简述脚手架的柱距与步高的含义。
4. 举例说明钢管脚手架上料平台材料用量计算方法。
5. 如何计算砖基础企业定额项目材料用量？
6. 在什么情况下应计算增加用工？
7. 简述砖基础企业定额项目的工程内容。
8. 简述石灰砂浆抹砖墙面（三遍）企业定额项目的工程内容。
9. 铝合金门窗制作、安装消耗哪些材料？
10. 如何计算铝合金门窗安装软填料用量？

参考文献

袁建新，袁缓，2024. 工程造价原理[M]. 北京：中国建筑工业出版社.
袁建新，袁缓，2024. 建筑工程计量与计价[M]. 重庆：重庆大学出版社.
袁建新，袁媛，李大平，2022. 企业定额编制原理与实务[M]. 北京：中国建筑工业出版社.